陕西省重点研发计划工业攻关项目（2020GY—211）
榆林市科技计划项目（2019—176）
国家社会科学基金项目（18XGL010）
国家自然科学基金项目（5197040521、51774228）

多矿脉集群开采方法
与结构稳定性

汪　朝　聂兴信　郭进平　罗小新　著

北　京
冶 金 工 业 出 版 社
2021

内 容 提 要

本书针对多条平行急倾斜矿脉群的赋存条件，提出集群采矿理念，并对集群采矿中的若干关键问题进行了研究。本书的研究成果，为急倾斜薄矿脉群安全高效开采提供了新的理念与方法，为今后同类型矿山开采提供借鉴与经验。

本书可供矿业、安全等领域的管理人员、研究人员以及工程技术人员阅读，也可供大专院校相关专业的师生参考。

图书在版编目（CIP）数据

多矿脉集群开采方法与结构稳定性/汪朝等著 . —北京：冶金工业出版社，2021.3
ISBN 978-7-5024-8725-6

Ⅰ.①多⋯　Ⅱ.①汪⋯　Ⅲ.①矿山开采—结构稳定性—研究　Ⅳ.①TD8

中国版本图书馆 CIP 数据核字（2021）第 017903 号

出 版 人　苏长永
地　　址　北京市东城区嵩祝院北巷 39 号　邮编　100009　电话　（010）64027926
网　　址　www.cnmip.com.cn　电子信箱　yjcbs@ cnmip. com. cn
责任编辑　高　娜　美术编辑　吕欣童　版式设计　禹　蕊
责任校对　郑　娟　责任印制　李玉山
ISBN 978-7-5024-8725-6
冶金工业出版社出版发行；各地新华书店经销；三河市双峰印刷装订有限公司印刷
2021 年 3 月第 1 版，2021 年 3 月第 1 次印刷
169mm×239mm；9.75 印张；185 千字；141 页
57.00 元
冶金工业出版社　投稿电话　（010）64027932　投稿信箱　tougao@cnmip. com. cn
冶金工业出版社营销中心　电话　（010）64044283　传真　（010）64027893
冶金工业出版社天猫旗舰店　yjgycbs. tmall. com
（本书如有印装质量问题，本社营销中心负责退换）

前　　言

<<<<<<<<<<<<<<<<<<<<<<<<<<<<<<<<<<<<<<<<<<<<<<<<<<<

　　贵金属矿床（如金、镍、钨等）由于其独特的地质条件而形成条带薄矿脉群，该类矿床采用传统的薄矿脉开采方法具有一定的局限性：（1）难以采用大型机械化回采方法，导致产量小、开采效率低；（2）留设的间柱、顶柱、底柱难以回采，导致资源损失较多；（3）矿柱滞后回收导致上一阶段的开采作业无法及时结束，进而导致作业线长、多阶段同时作业，安全生产管理困难。（4）采场周围岩体与底部结构受回采过程的影响，结构稳定性问题突出。为更高效、安全地开采急倾斜薄矿脉群，本书主要进行了如下研究。

　　（1）针对多条平行急倾斜矿脉群的赋存条件，提出集群采矿理念，主要包括集群采矿方法设计、集群采矿方法采场结构参数优化、多矿脉集群开采顺序研究、集群开采通风系统优化等。

　　（2）对现有的采矿方法进行整理与归纳，设计两种集群采矿方法：1）深孔分段空场上向嗣后充填采矿法；2）浅孔水平分层上向连续充填采矿法。与原采矿方法（浅孔留矿法）相比，这两种集群采矿方法有效提高了矿山机械化开采水平与回采效率，确保了多矿脉同时回采时的安全有序。

　　（3）基于集群开采理念，对浅孔水平分层上向连续充填采矿法顶板安全跨度进行了理论均算及数值模拟。采用厚跨比法、普氏压力拱法、荷载传递交汇线法、平板梁理论计算法、结构力学梁理论法进行公式推导，并引入安全系数，计算得出不同安全系数下的顶板跨度。数值模拟结果与工程实例情况接近，采场顶板仅局部小范围存在岩块掉落。

　　（4）针对多矿脉集群回采过程形成采场数目较多的情况，提出了超前阶梯接续回采顺序，并对该回采过程进行了数值模拟分析。数值模拟表明，仅有局部塑性区拉应力出现在各个矿脉的充填体顶板位置，随着回采结束，回采过程塑性区主要位于矿脉群中央矿体上。工程实例表明，观测点最大围岩变形约为 2.9mm，满足矿山安全回采规范，且数值模拟结果与工程实例的结果规律基本一致，超前阶梯接续回采顺序可满足薄矿脉群的安全高效回采。

（5）在 FLAC^{3D} 软件中，分别对单一采场回采时，深孔分段空场上向嗣后充填采矿法与浅孔水平分层上向连续充填采矿法的采矿过程进行数值模拟，分析不同采场参数条件下，施工后围岩的位移、应力分布与塑性区分布情况。得出利用深孔分段空场上向嗣后充填采矿法开采时，推荐矿房长度为 10m，矿柱长度为 8m；利用浅孔水平分层上向连续充填采矿法开采时，推荐矿房长度为 15m。

（6）采用非连续-连续介质耦合数值模拟方法，对不同开采形式下围岩的破坏机制进行了研究，发现分段矿房法虽会使上盘临近开挖区域处的崩落破坏更易发生，导致贫化损失率略有增加，但对上盘稳定性的影响范围及变形量相比于阶段留矿采矿法来说较小，特别是其随崩落而卸压的特点更加明显，在安全性上更加符合协同开采时地压管理办法。

（7）通过对不同底部结构开挖方案进行数值模拟分析，认为矿山堑沟巷道和出矿巷道交岔点开挖方案优劣综合排序为：方案Ⅱ>方案Ⅲ>方案Ⅰ。对于双堑沟的底部结构，出矿巷道交错布置、两侧交替开挖对底部结构稳定性最为有利。此外，从放矿的角度看，出矿巷道交错布置比对称布置更有利于提高矿石的回收率。通过理论计算和工程类比确定了矿山脉内运输巷道的支护参数，数值计算表明，"喷锚网+全断面钢架+支架壁后袋装充填圈"的支护形式能有效控制巷道变形，保障巷道稳定。

本书由西安建筑科技大学资源工程学院汪朝、聂兴信、郭进平、程平、张雯及陕西冶金设计研究院有限公司罗小新、娄一博、郭霆等共同合作撰写。全书共分 10 章：第 1 章为多矿脉群开采概述，由聂兴信、甘泉（广西大学土木建筑工程学院博士研究生）、娄一博撰写；第 2 章为矿山岩体质量分级方法，由汪朝、张雯、郭霆撰写；第 3 章为集群开采理念与集群采矿方法设计，由聂兴信、罗小新、甘泉撰写；第 4 章为集群开采顶板安全跨度计算及模拟分析，由聂兴信、汪朝、甘泉撰写；第 5 章为单一采场结构参数优化研究，由郭进平、汪朝、王红星撰写；第 6 章为集群回采顺序数值模拟，由聂兴信、汪朝、甘泉、叶浩然撰写；第 7 章为采场围岩破坏机制数值模拟，由郭进平、汪朝、刘晓飞撰写；第 8 章为采场底部结构稳定性，由郭进平、汪朝、王小林撰写；第 9 章为工程实例，由聂兴信、程平、罗小新、甘泉撰写；第 10 章为结论，由聂兴信、汪朝撰写。全书由汪朝统稿。

特别感谢西安建筑科技大学资源工程学院为本书出版提供了经费支持。

由于作者水平所限，书中难免有不足之处，恳请广大读者批评指正。

作　者

2020 年 9 月于西安

目　　录

1　多矿脉群开采概述

<<<<<<<<<<<<<<<<<<<<<<<<<<<<<<<<<<<<<<<<<<<<<<<<<<<<<<<<<<<<

  根据我国急倾斜薄矿脉的开采现状可知，大多数薄与极薄岩金矿山的生产存着以下 4 个方面的问题：第一，矿山的生产能力难以提高，由于矿体赋存条件的特殊性，导致传统的采矿方法在开采时有很大局限性，因此使用传统的采矿方法难以提高矿山的产量；第二，传统的薄矿脉开采要留设大量的间柱、顶柱和底柱，对于高经济效益的金矿而言，留设的间柱、顶柱及底柱难以回采，容易造成矿量的损失；第三，由于多条薄矿脉开采过程中对于一些较近的矿脉回采时容易出现地压显现问题，在不稳固的岩体中采矿，围岩与采场底部结构的稳定性问题突出。因此，有必要对数目较多的矿脉进行回采顺序与结构稳定性研究，保证回采过程中不会出现地压显现问题，确保安全回采。

  矿产资源是指在地层中有经济效益并且可被开发利用的金属或非金属资源，如金、镍、钨、煤、石油和天然气等，它是自然资源的重要组成部分，是人类生存与社会进步的主要物质基础。在当今生产技术条件下，矿产资源提供大约 95% 的能源、80% 的工业原材料和 100% 的农业生产用水以及人类生存必需的水资源[1]。随着浅部矿产资源开采殆尽，"好采易采矿"开采殆尽，矿产资源开采逐渐向复杂难采矿体开采过渡。为了保证开采的安全高效进行，一方面，需保证勘探的可靠度，确保资源的保有储量；另一方面，对传统开矿工艺进行吸收与再创新，充分利用现有的采矿设备，高效开采一些复杂难采矿体，综合提高矿产资源的回收率，其中包括多条急倾斜薄矿脉群的开采[2]。

  急倾斜矿脉是指倾角大于 55° 的矿体，薄矿脉是指厚度 0.8~4m 的矿体，该类矿脉在我国贵金属矿脉中占有比较高的比例。其中，薄与极薄金矿赋存矿体占金矿的比例高达 58.5%，在我国经济中占有举足轻重的地位。急倾斜薄矿脉群开采的主要技术难题有开采工效低、相邻矿脉回采时损失贫化率大、相互扰动大以及单一采矿方案难以较好适应各条矿脉的地质情况。由于赋存矿脉地质条件存在差异，没有固定的采矿方法，故在开采工艺与地压控制等方面存在差异。因此，对急倾斜薄矿脉群的开采研究，不仅有助于寻求安全经济、合理高效的采矿方法，还能为相似地质条件矿山的开采提供借鉴，有利于推动急倾斜薄矿脉群矿体的综合回收利用。

  我国超过半数（58.5%）中小型岩金矿山的矿体属于复杂的薄矿脉或极薄矿

脉，该类矿体在空间分布、品位变化上都相当复杂，因此在采矿方法的选择和应用方面有一定的困难。对于急倾斜薄矿脉这类的难采矿体而言，目前的采矿方法主要有削壁充填法与浅孔留矿法，这两种采矿方法的缺点是生产能力低、贫化率大以及损失率大。因此，寻求适合该类矿体的高效采矿法对改善矿山企业的经济效益、提高资源的回收利用率、提高矿山的可采储量、延续矿山的服务年限等都具有重要的现实意义[3]。

集群开采是一种新的系统概念，通过集群可以将原本低效率、高成本的系统通过有效的"调度优化"成为高效率、低成本的系统，如何进行有效的"调度"即为集群开采技术或系统中的核心部分。在薄与极薄矿脉群体赋存的矿山回采中，集群开采可以在同一中段不同矿脉回采时，同时开辟多个采场，有助于提高矿山的产量，保证矿山生产能力。但集群开采过程中多条矿脉同时回采作业势必会增加开采过程中地压显现等安全问题，而采矿过程中的"调度方式"即为同一中段内各条矿脉间的回采顺序，回采时应当超前多少米或多少采场才能保证没有地压显现，这些问题即为集群开采中的核心问题。

1.1 集群理论与集群采矿方法

在多条急倾斜薄矿脉集群开采中，目前面临的技术难题主要有产量低、相邻矿脉回采相互扰动。这对具有高价值的金属矿山生产产生了极大的影响，对此须采取切实可行的技术措施，提高此类矿山的生产能力。国内外的岩石力学专家及科研人员围绕回采顺序数值模拟技术研究和采矿方法优选研究开展了大量的工作并做出了很大的贡献。

赵金萍[4]在煤炭生产集群网络调控中指出传统煤矿通信模式的不足，并指导了矿井采掘方式的优化升级。刘冬生[5]在集群空区条件下的矿体回采的实践介绍了在集群空区下无底柱分段崩落法的几种回采方法。李新[6]提出集群系统中节能调度问题是为系统中每一个并行任务分配处理器等资源，达到整个集群系统性能和能耗之间的平衡。李坤蒙[7]对急倾斜薄矿脉进行无底柱分段崩落法结构参数优化。安龙[8]针对急倾斜薄矿脉开展高效采矿技术研究，优选深孔爆破无底柱分段崩落法进行开采。张文方[9]通过对采场结构参数、回采工艺方面的研究，针对顶板稳固性差的问题，提出先进行削壁、后进行矿石回采的回采顺序，有效提高了采矿安全性。文献［10，11］针对某金矿相邻矿脉近似平行排列，设计出平行相邻矿脉同步回采，为黄金矿山平行相邻排列薄矿体的高效开采提供了一个崭新的思路。孙春东[12]研究上部采煤工作面走向形成的稳压区以及减压区范围，得出联合开采极近距离煤层下部工作面仅能布置于稳压区的结论。文献［13~15］通过理论分析和现场观测，确定联合开采时的合理错距。通过现场矿压监测，得出上下层煤支承压力分布规律及围岩破坏特点，最终通过理论分析及数值模拟方法综合对比研究，确定合理错距。李永明[16]采用实验室试验方法，研究了以矸石作为充填料、水泥-水玻璃作为注浆胶结料进行采空区胶结充填时胶结充填体的力学特性和影响因素。文献［17~19］基于采空区边缘煤体内应力计用于反演放顶煤采场内部的覆岩运动，支撑空间结构煤柱变形方式等多种观测方法在覆岩空间结构研究中的综合应用途径。

Fan Xiaoming[20]提出并建立了一种新的协同挖掘楔形转换过渡模式，适用于协同挖掘。这种新的采矿工艺结合采矿诱发技术和露天矿底部采深技术，完全消除了边界支柱和人工覆盖层。张标[21]采用非线性破坏准则和可靠性理论，给出了一种分析双浅隧道稳定性的方法。在非线性破坏准则的条件下，通过分析环境压力的变化，得到了双浅隧道的临界净距离。Ben-Awuah Eugene[22]使用混合整数线性规划（MILP）优化框架研究矿体采矿方案的策略。Guo Guangli[23]为了有效地控制或缓解开采沉陷和变形的程度，通过分析一些技术的优缺点，如在覆盖层分离床中进行采矿，局部开采和灌浆，采用了负荷替换原理，提出了"三步采矿"方法。Guo Wenbing[24]为了在采煤过程中有效控制围岩和有效管理屋顶，通过数值模拟研究了应力场、位移场和塑性区。结果表明，采用Wongawilli带钢柱采矿技术开采地表结构是可行的。Wu Hai[25]以谢桥煤矿12521工作面巷道小煤柱工程方案为基础，收集并分析了煤柱表层位移、深位移和采动应力等数据，为煤矿煤柱合理宽度的调节和围岩的优化控制设计提供了参考。

1.2 矿床开采数值模拟技术

李朝良[26]通过研究复杂薄矿脉群开采岩层移动规律，在矿体围岩充分调研的基础上，建立逼近现场实际三维数学模型，模拟分析矿脉开采后围岩应力和位移变化。文献［27~29］对浅孔留矿法开采倾斜薄矿脉时进行围岩稳固性研究。张海波[30]使用多种数学模型对采空区顶板失稳临界参数进行计算，运用数值模拟对理论模型进行研究验算，确定空区顶板的结构参数超出顶板失稳的临界参数的范围。任少峰[31]采用极限平衡理论计算得出了隔离矿柱厚度尺寸，应用RFPA对其稳定性进行了分析研究。得出隔离矿柱的最小安全厚度。文献［32，33］运用FLAC³ᴰ数值模拟软件研究了巷道开挖后的应力应变状态，分析了围岩变形机制。彭康[34]通过定量计算和分析矿体开采过程中的应力、位移和塑性区的分布状况，模拟得出每步开采应力与应变的动态变化过程。

李向阳[35]采用数值模拟与相似模拟的方法研究采空场处理时的地表移动与覆岩破坏规律。文献［36，37］通过理论计算及数值仿真分析，确定采矿过程影响对危岩崩塌的机理及稳定系数的影响。吴杰[38]提出了盘区机械化分条分层充填联合的采矿方法，最终从选取的18种回采的方案中确定出最优方案。胡倩[39]针对多层矿床开采过程中矿层间相互扰动影响关系，分析扰动对阶段中相邻矿层安全回采顺序的影响。成建[40]提出了机械化房柱采矿法的研究，并通过对房柱法中点柱尺寸的选择进行了数值模拟，最终确定出点柱合理尺寸。郑长龙[41]研究相邻矿体上行式开采与其他中段矿块回采顺序的采动影响，得到最优的急倾斜相邻矿体回采顺序。文献［42~44］通过进路群开挖的数值模拟、并对开挖过程围岩的位移、应力和塑性区进行分析，发现开挖后塑性区范围不大，巷道具有良好的稳定性。

李夕兵等[45]通过使用 SURPAC 完成对三山岛金矿的实体建模，FLAC³ᴰ进行数值模拟。其中考虑了海水压力的影响以及回采顺序，通过模拟不同开挖水平的分层充填法，获得了顶柱的主应力、位移、塑性区和孔隙压力分布。G. S. Ester-huizen[46]提出通过计算安全系数（FOS）来评估矿柱的稳定性，认为存在弱黏土填充或软化破碎带对支柱强度有重大影响，因为对角度不连续性问题，应避免宽度与高度比小于 0.8 的矿柱。D. R. Tesarik[47]通过数值模拟挖掘和充填序列的三维有限元程序，随时间加载到充填区段，并且长期监测充填体总应力和应变，进而增加充填体稳定性评估的可靠性。P. P. Nomikos[48]通过将性能和需求表示为均匀随机变量，获得了安全系数的概率分布及其概率密度和累积分布函数的解析解，并提出了用于计算安全系数平均值、标准差、最小值及最大值的解析解。Siqi Chen[49]考虑构造不稳定岩石力学模型，采用断裂力学方法推导出复合应力强度因子。Zeinab Aliabadian[50]研究了与爆炸引起的井眼破裂和裂缝扩展相关的动态破裂机理，利用数值模拟研究了高应变率加载对岩体破坏的影响。当围岩为暴露于相间软硬不利结构状态和复杂高应力重复加入区，Zhiqiang Zhao[51]通过理论分析和统计数据，提出了隧道应力变换与围岩变形的关系。Shengwei Li[52]使用离散元件软件 UDEC，对非支柱矿柱、放顶煤开采和保护性煤层开采的应力和裂缝现场的空间分布进行模拟。数值结果表明，三种采矿布局的采动诱发裂缝的分形维数按保护性煤层开采，放顶煤开采和非支柱矿柱的顺序降低。Deliveris Alex-andros V[53]通过房柱采矿法研究近似二维数值模拟技术在褐煤柱地质反应评价中的应用，通过基准直接精确三维数值模型评估开发方法的性能和适用性。Huang Gang[54]建立了不同岩性之间的断层和界面的三维非连续体数值模型，考虑各模型不同采矿计划和不同回填顺序的影响，得出进行合适的充填可以消除下沉与位移的结论。Liu Chuang[55]利用连续介质的独特元素法（CDEM）的数值模型用于对长壁开采中盾构与岩层运动之间的相互作用进行动态模拟。

通过对采矿方法设计及数值模拟应用相关文献的回顾与分析可知，前人对采矿方法设计和回采顺序的数值模拟均有一定的研究，但是现阶段的数值模拟研究都为对中段内单一矿体回采顺序的研究，对多条平行薄矿脉群体间的回采顺序的研究相对较少。本文基于某金矿多条薄矿脉群体采矿方法设计与优选和中段内矿脉群回采顺序、结构稳定性等实际问题，采用理论分析与数值模拟技术相结合的技术，对多矿脉开采的若干关键技术问题进行研究，力求提高矿床开采效率与采场安全。

1.3 本书主体内容及结构

（1）根据集群矿脉群的赋存条件，提出深孔分段空场上向嗣后充填采矿法设计与浅孔水平分层上向连续充填采矿法。将上述两种采矿方法应用在某金矿薄矿脉群开采中，针对主要生产中段的地质条件，对提出的采矿方法进行矿块划分、采场结构参数设计以及回采工艺设计，在保证开采安全的同时尽可能多回采矿石，减少矿山的损失率，提升矿山的生产能力。

（2）针对集群采矿方法回采过程中顶板安全问题，采用岩层控制技术及潜在灾害控制技术，以及岩体力学中平板梁理论计算法、荷载传递交线法、厚跨比法、普氏拱法、结构力学梁理论法进行公式推导，计算出不同安全系数下的顶板跨度，经五法协同计算界定分析，确定集群连续采矿方法的安全回采跨度范围。结合计算的顶板跨度数据，取安全系数为 2.0 时顶板跨度，采用 ANSYS 实体建模，FLAC^{3D}进行数值模拟验证。

（3）基于多条薄矿脉集群开采理论，将其应用在多矿脉群开采中，使多条矿脉集群开采时连续性更强，顺序更加合理。集群开采可以在同一中段多条矿脉回采过程中，同时开辟多个采场，提高矿山的产量。针对集群开采过程中开辟多个采场同时作业会增加地压显现等安全问题，提出超前阶梯式回采顺序，通过数值模拟确定岩体形变量应力与塑性区分布，确保该回采顺序能保证安全回采。

（4）在 FLAC^{3D}软件中，分别对单一采场回采时，深孔分段空场上向嗣后充填采矿法与浅孔水平分层上向连续充填采矿法的采矿过程进行数值模拟，分析不同采场参数条件下，施工后围岩的位移、应力分布与塑性区分布情况。得出利用深孔分段空场上向嗣后充填采矿法开采时，推荐矿房长度为 10m，矿柱长度为8m；利用浅孔水平分层上向连续充填采矿法开采时，推荐矿房长度为 15m。

（5）针对矿体开采中的围岩稳定性问题，采用非连续-连续介质耦合数值模拟方法，对开挖体上盘岩体随开挖步骤的破坏趋势、可能性以及其影响范围进行分析，得出分段矿房法和阶段留矿采矿法开采时各自上盘岩体稳定性的特点及两者的比较，认为分段矿房法更有利于上盘围岩的开采控制。

（6）通过对不同底部结构开挖方案进行数值模拟分析，认为矿山堑沟巷道和出矿巷道交岔点开挖方案优劣综合排序为：方案Ⅱ>方案Ⅲ>方案Ⅰ。对于双堑沟的底部结构，出矿巷道交错布置、两侧交替开挖对底部结构稳定性最为有利。此外，从放矿的角度看，出矿巷道交错布置比对称布置更有利于提高矿石的回收率。通过理论计算和工程类比确定了矿山脉内运输巷道的支护参数，数值计算表明，"喷锚网+全断面钢架+支架壁后袋装充填圈"的支护形式能有效控制巷道变形，保障巷道稳定。

本书的技术路线如图 1-1 所示。

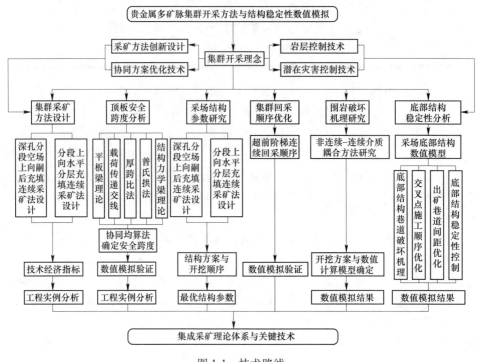

图 1-1 技术路线

1.4 本章小结

本章提出了采矿集群理论，并将该理论用于指导薄矿脉群的生产，设计适合该赋存条件下的集群采矿方法，开辟多个采场同时回采，对该采矿方法进行多采场集群开采采场结构参数设计，进行矿块划分，同时对回采过程中的落矿、矿石运搬与地压管理进行研究。结合某多矿脉集群矿山实际地质情况，解决多条薄矿脉集群开采过程中的回采顺序问题。针对多条薄矿脉同时回采可能会出现严重的地压显现问题，平行矿脉群可以通过合理的采场交错距布置以保证回采过程中不会出现岩体垮落。分别对单一采场回采时，深孔分段空场上向嗣后充填采矿法与浅孔水平分层上向连续充填采矿法的采矿过程进行数值模拟，分析不同采场参数条件下，施工后围岩的位移、应力分布与塑性区分布情况，得到了最佳的采场结构参数。对提出的回采顺序进行数值模拟分析，从而有效地确保多条薄矿脉同时回采时可以安全与高效进行。同时,采用耦合连续与离散元数值模拟方法,研究了开采扰动下采场围岩的破坏模式,确定了最佳的回采工艺。通过对采场底部结构的稳定性进行多方案的数值模拟分析,确定了堑沟巷道与出矿巷道交叉点的开挖顺序与出矿巷道间距,提出了底部结构的最佳支护方式。

2 矿山岩体质量分级方法

<<<<<<<<<<<<<<<<<<<<<<<<<<<<<<<<<<<<<<<<<<<<<<<<<<<<<<<<<<<<<<<<<<<<<<<<

岩体质量分级是工程岩体稳定性分析的基础。本章主要介绍矿区岩体质量分类的 RMR 方法，根据地质资料及现场工程地质调研实例，对矿区岩体质量进行分级划分。在已知室内岩石的物理力学性质的基础上，对工程岩体的强度指标进行计算，为后面的数值计算提供依据。

2.1 矿区岩体质量分类

由于组成岩体的岩石性质、组织结构不同，以及岩体中结构面发育情况差异，致使岩体力学性质相当复杂。为了区分岩体质量的好坏和评价矿岩稳定性，需对岩体做出合理分类。矿区岩体质量分类作为选择工程结构参数、科学管理生产以及评价经济效益的依据之一，也是岩石力学与工程应用方面的基础。

2.1.1 CSIR 体岩体质量分类

CSIR 岩体质量分类方法由南非科学和工业研究委员会（Council for Scientific and Industrial Research）提出，其分类指标值 RMR（rock mass rating）由岩块强度、RQD 值、节理间距、节理条件及地下水 5 项指标组成。

岩体评分值（RMR）作为衡量岩体工程质量的"综合特征值"，它随着岩体质量的不同在 0~100 之间变化。岩体的 RMR 值取决于 5 个通用参数和 1 个修正参数，即完整岩石的强度（R_1）、岩石质量指标 RQD（R_2）、节理间距（R_3）、节理状态（R_4）、地下水状态（R_5）以及节理方向对工程影响的修正值（R_6）。

RMR 值的确定分两步进行：第一步，对某一特定岩体，按各项内容逐一鉴定，并对各单项因素评定分数，然后再把五项因素的分数累计起来，即得 RMR 的初值。第二步，根据节理、裂隙的产状并考虑施工因素修正 RMR，最后用修正的总分对照表（岩体地质学（CSIR）分类（RMR）评分表）求得所研究岩体的类别及相应的无支护地下工程的自稳时间和岩体强度指标（c，φ）值。

经过修正的 RMR 值就是岩体工程分级的依据，如式（2-1）所示：

$$\text{RMR} = R_1 + R_2 + R_3 + R_4 + R_5 + R_6 \tag{2-1}$$

（1）完整岩石的强度（R_1）可以由现场原始状态下岩块的点荷载试验得到，也可以用标准岩石试件在室内进行单轴压缩试验来确定。完整岩石的强度与岩体评分值的对应关系见表2-1。

表 2-1　对应于完整岩石强度的岩体评分值增量 R_1

点荷载强度指标/MPa	单轴抗压强度/MPa	评分值
>10	>250	15
4~10	100~250	12
2~4	50~100	7
1~2	25~50	4
不采用	5~25	2
不采用	1~5	1
不采用	<1	0

（2）岩石质量指标 RQD 值由修正的岩芯采取率来确定。修正的岩芯采取率是选用坚固完整的、其长度等于或者大于 10cm 的岩芯总长度与钻孔长度之比，并用百分数表示，即：

$$RQD = \frac{\sum l}{L} \times 100\% \qquad (2\text{-}2)$$

式中，l 为岩芯单节长，$l \geqslant 10cm$；L 为同一岩层中的钻孔长度。

对应于 RQD 的岩体评分值 R_2 见表2-2。

表 2-2　对应于岩石质量指标 RQD 的岩体评分值增量 R_2

岩石质量指标 RQD/%	91~100	76~90	51~75	26~50	<25
评分值	20	17	13	8	3

（3）节理间距可以由现场露头统计测定，一般岩体中都有很多组节理，对应于岩体评分值 R_3 的节理组间距是对工程稳定性起关键作用的一组节理间距。对应于节理组间距的岩体评分值 R_3 见表2-3。

表 2-3　对应于最有影响的节理组间距的岩体评分值增量 R_3

节理间距/m	>2	0.6~2	0.2~0.6	0.06~0.2	<0.06
评分值	20	15	10	8	5

（4）对于节理状态对工程稳定的影响，主要考虑节理的延伸长度、张开度、粗糙度、充填物状况和风化程度等因素。同样，对多组节理而言，以最光滑、最软弱的一组节理为准。对应于节理条件的岩体评分值 R_4 见表2-4。

表 2-4　对应于节理状态的岩体评分值增量 R_4

节理状态	非常粗糙、不连续、未张开、壁面未风化	轻微粗糙、张开小于 1mm、壁面轻微风化	轻微粗糙、张开小于 1mm、壁面高度风化	擦痕面或断层泥小于 5mm 或张开 1~5mm	软弱的断层泥大于 5mm 或张开>5mm
评分值	30	25	20	10	0

其中，节理状态分类的指标评定按表 2-5。

表 2-5　节理状态分类指标

节理长度/m	<1	1~3	3~10	10~20	>20
评分值	<6	4	2	1	0
张开度/mm	无	<0.1	0.1~1	1~5	>5
评分值	6	5	4	1	0
粗糙度	很粗糙	粗糙	轻度粗糙	光滑	擦痕
评分值	6	5	3	1	0
充填物（厚度：mm）	无	硬充填物<5	硬充填物>5	软充填物<5	软充填物>5
评分值	6	4	3	2	0
风化程度	未风化	微风化	中等风化	高风化	崩解
评分值	6	5	3	1	0

（5）由于地下水会强烈地影响岩体的性状，所以岩土力学分类法也包括一项地下水的评分值 R_5。地下水状态在岩体工程施工尚未进行时一般是由勘探平硐或导硐中的地下水流入量、节理中的水压力或地下水的总状态（由钻孔记录或岩芯记录确定）来确定；当岩体工程进入施工阶段后，地下巷道已经开凿好的时候可以进入巷道进行现场实地水文地质观测得出。地下水状态与 R_5 值的对应关系见表 2-6。

表 2-6　对应于地下水状态的岩体评分值增量 R_5

地下水	隧道的涌水/L·min⁻¹	无	10	10~25	25~125	>125
	节理水压/MPa（最大主应力/MPa）	0	<0.1	0.1~0.2	0.2~0.5	>0.5
	总的状态	完全干燥	潮湿	湿	滴水	流水
	评分值	15	10	7	4	0

（6）考虑到结构面方位对工程的影响，宾氏提出了节理走向对工程岩体评分的修正值，见表2-7。表2-8为节理走向与倾角对隧道掘进的影响。

表2-7　按节理走向对评分的修正

节理走向和倾角	十分有利	有利	一般	不利	极不利
隧道	0	−2	−5	−10	−12
地基	0	−2	−7	−15	−25
边坡	0	−5	−25	−50	

表2-8　节理走向与倾角对隧道掘进的影响

节理走向	走向与隧道轴线垂直				走向与隧道轴线平行		与走向无关
	顺倾向掘进		逆倾向掘进				
节理倾角	45°~90°	20°~45°	45°~90°	20°~45°	20°~45°	45°~90°	0°~20°
影响	非常有利	有利	一般	不利	一般	非常不利	不利

对各个单因素评分进行累加，获得岩体分类的综合定量指标，见表2-9。

表2-9　根据总分确定岩体分类

评分值	100~81	80~61	60~41	40~21	<20
分级	Ⅰ	Ⅱ	Ⅲ	Ⅳ	Ⅴ
质量描述	非常好	好	一般	差	非常差
平均稳定时间	（15m 跨度）20 年	（10m 跨度）1 年	（5m 跨度）7 天	（2.5m 跨度）10h	（1m 跨度）30min
岩体内聚力/kPa	>400	300~400	200~300	100~200	<100
岩体内摩擦角/(°)	>45	35~45	25~45	15~25	<15

2.1.2　分类数据的收集与分析处理

以某金矿为例，运用 CSIR 岩体分类方法，计算该矿区的岩体质量指标 RMR 值。

（1）各类完整岩石的强度指标（R_1）。该指标数据由点载荷试验得出，由于矿体和围岩的岩性相同，均为粉砂质千枚岩，因此只对该类岩石做试验。试验岩块一共 15 个，随机从矿山进路中捡取，形状不规则，见图2-1。试验采用 YXDZ-3 数显岩石点荷载试验仪，试件在采取和制备过程中，无裂缝产生。试验时，加

图 2-1 点载荷试验块体

图 2-2 点载荷试验加载过程

荷两点间距为 30~50mm；加荷两点间距与加荷处平均宽度之比为 0.3~1.0；试件长度不应小于加荷两点间距，如图 2-2 所示。具体步骤如下：

1）将岩心试件放入球端圆锥之间，使上下锥端与试件直径两端紧密接触，量测加荷点间距。接触点距试件自由端的最小距离不应小于加荷两点间距的 0.5 倍。

2）轴向试验时，将岩芯试件放入球端圆锥之间，使上下锥端位于岩芯试件的圆心处并与试件紧密接触。量测加荷点间距及垂直于加荷方向的试件宽度。

3）方块体与不规则块体试验时，选择试件最小尺寸方向为加荷方向。将试件放入球端圆锥之间，使上下锥端位于试件中心处并与试件紧密接触。量测加荷点间距及通过两加荷点最小截面的宽度（或平均宽度）。接触点距试件自由端的距离不应小于加荷点间距的 0.5 倍。

4）稳定地施加荷载，使试件在 10~80s 内破坏，记录破坏荷载。

5）试验结束后，描述试件的破坏形态。破坏面贯穿整个试件并通过两加荷点为有效试验。

点载荷的计算方法为：

$$I_s = P/D_e^2 \qquad (2-3)$$

式中，I_s 为点载荷强度，MPa；P 为峰值载荷，N；$D_e^2 = (4D \times W_f)/3.14$，$mm^2$；$W_f$ 为破坏面宽度，mm；D 为加载点间距离，mm。

根据点载荷计算结果（见表 2-10），结合完整岩石强度的岩体评分标准（见

表 2-1），得到完整岩石的强度指标 $R_1 = 7$。

表 2-10 点载荷试验结果

试样编号	间距 D/mm	破坏宽度 W_f/mm	压力峰值 P/N	等效面积 D_e/mm²	点载荷强度 /MPa
1	38	145	28930	7019.11	4.12
2	37	123	15390	5797.45	2.65
3	51	135	22020	9286.62	2.37
4	53	81	25800	5468.79	4.72
5	37	68	23830	3205.1	7.44
6	47	117	26100	7005.1	3.73
7	45	123	15690	7050.1	2.23
8	50	45	8930	2866.24	3.12
9	58	105	38170	7757.96	4.92
10	32	118	24630	4810.19	5.12
11	42	89	29100	4761.78	6.11
12	50	161	13320	10254.78	1.3
13	35	76	19390	3388.53	5.72
14	50	123	21580	7834.39	2.75
15	48	90	25520	5503.18	4.64
平均					3.83

（2）岩石质量指标 RQD（R_2）。由于矿山所取岩芯都已人为折断，难以对 RQD 值进行准确统计，因此根据地质工程师的经验，取 85%，对应于岩石质量指标 RQD 的岩体评分值的增量 $R_2 = 17$。

（3）节理间距（R_3）、节理条件（R_4）、地下水状态（R_5）和节理方向对 RMR 的影响（R_6）。为了解矿山的节理构造，本次研究在矿山进行了实地调查。根据调查结果统计，绘制了节理等密图、玫瑰花图，如图 2-3 所示。

对现场巷道观察点的节理进行实测和观察，将观察点的节理等密图反映在工程地质分区图上。由图 2-3 可以看出，矿区有 2 组节理发育，分别为：（30°，

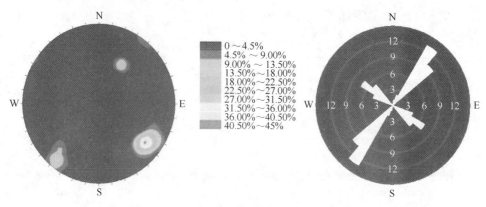

图 2-3 节理等密图和玫瑰花图

$-40°$，$\angle 70°$，$-80°$）、（$300°$，$-315°$，$\angle 72°$，$-89°$）。上述几个观察点的优势组产状可以参见上面各分段的调查记录及结果分析。现场调查发现，节理裂隙中大部分没有充填物，只有少数的节理裂隙中有填充物，如东南向节理多充填方解石、石英脉，西北向节理部分充填泥质，其余无充填。

1）节理间距。根据调查结果，节理平均间距为 25.5cm，对应于最有影响的节理组间距的岩体评分值的增量 $R_3 = 10$。

2）节理条件。从节理的充填情况看，矿区上部巷道岩体节理壁面风化程度高，为泥质充填物，矿区下部巷道节理壁面风化程度小，主要为石英脉充填，节理面较光滑。因此，按节理状态（节理面为贯穿整个矿区的沉积层面，节理长度大于 20m）的打分结果见表 2-11。

表 2-11 对应于节理状态的岩体评分值增量 R_4

参数指标	节理长度	张开度	粗糙度	充填物	风化程度
评价值	大于 20m	小于 0.1mm	较光滑	硬充填物小于 5mm	中等风化
打分值	4	6	3	6	6
总得分 R4	25				

3）地下水状态。根据矿山实际生产统计资料，矿区单位长度的矿坑涌水量较小，为 0.61L/min，最大用水量也不超过 1.83L/min。可认为巷道基本无用水量，无节理水压，岩体完全干燥。故对应于地下水状态的岩体评分值的增量 $R_5 = 15$。

4）节理方向对 RMR 的影响。从现场调查情况看，主要工程巷道的布置均垂直于节理走向方向，也有部分进路平行于节理走向，故整体上节理方向对倾角对工程来说有利，按节理走向对评分的修正 $R_6 = -2$。

对以上各岩体评分的分类数据汇总，以岩性为基本依据并根据式（2-1）进行 RMR 总的评分：

$$RMR = R_1 + R_2 + R_3 + R_4 + R_5 + R_6 = 7+17+10+25+15-2 = 72$$

2.1.3 岩体质量评价

根据《岩体地质学（CSIR）分类（RMR）评分表》，分析岩体 RMR 打分结果可知：该矿区矿岩的岩体级别为 II 类，属于质量好的岩体，同时可得出岩体内聚力 $c = 0.3\sim0.4MPa$，岩体内摩擦角 $\varphi = 35°\sim45°$。

2.2 岩石物理力学参数的工程处理

在采场稳定性分析中，力学参数的选取会对计算结果产生重大影响，若参数选取不合理有可能得出与实际相差甚远的结果，因此岩体宏观力学参数的研究一直是岩石力学最困难的研究课题之一。由于岩体中结构面的存在，以及水、风化等外营力的作用，使得岩体的力学行为与岩石试块所表现的力学行为之间存在着很大的差异。

采用原位试验方法确定岩体力学参数比室内岩石试验合理，但原位试验通常受到各种条件的限制，而且还存在一些尚待解决的技术问题。如果考虑将岩块力学参数应用于岩体工程，则必须考虑岩块与岩体之间的差异，对参数进行工程处理，以使得对岩体工程所做的稳定性分析结果更接近于现场实际情况。因此，需要利用室内试验资料，采用多种工程处理方法，得到符合工程实际的岩体力学参数。

岩体在力场作用下的性质包括两个方面：岩体的变形特征和强度特征。主要的代表性力学参数包括岩体变形模量和岩体抗剪强度指标 c、φ 值。岩体的抗剪强度是采场稳定性分析及其他力学分析的重要参数，由于岩体是含软弱结构面的地质体，岩体的抗剪强度取决于岩块的抗剪强度、弱面的抗剪强度和岩体中弱面的分布。

通过试验，已在实验室测定了岩块的抗剪强度，岩块的其他几项力学参数也均可以通过室内试验获得。岩体力学参数可以用 Hook-Brown 准则求得。

2.2.1 岩体抗压强度 σ_{mc} 的工程处理

根据 Hook-Brown 准则，岩体强度公式为：

$$\sigma_1 = \sigma_3 + \sqrt{m\sigma_c\sigma_3 + s\sigma_c^2} \tag{2-4}$$

$$m = m_i \exp\left(\frac{RMR-100}{14}\right) \tag{2-5}$$

$$s = s_i \exp\left(\frac{RMR-100}{14}\right) \tag{2-6}$$

式中，σ_1，σ_3分别为破坏时的最大主应力、最小主应力；σ_c为岩块单轴抗压强度，取 37.7MPa；m，s 为岩体力学参数的随机变量，其值的大小取决于岩石的矿物成分、岩体中结构面的发育程度、几何形态、地下水状况及充填物性质等；m_i，s_i分别为完整岩块的 m，s 值，完整岩石 $m_i = 25$，$s_i = 1$。

根据野外岩体的地质特征和岩体的 RMR 分类得分与岩体强度参数的关系，可以估算岩体弱化后的强度参数值。

当 $\sigma_3 = 0$ 时，可导出弱化后的岩体单轴抗压强度 σ_{mc} 为：

$$\sigma_{mc} = \sqrt{s}\,\sigma_c \tag{2-7}$$

由岩体分类结果可知，该矿区的围岩类别为 II 类，RMR 值评分为 71。因此，计算得：$m = 3.15$，$s = 0.13$，故岩体的抗压强度 $\sigma_{mc} = 13.6$MPa。

2.2.2 岩体抗拉强度 σ_{mt} 的工程处理

由 Hook-Brown 准则知，若 $\sigma_1 = 0$，可得弱化后的岩体单轴抗拉强度 σ_{mt} 为：

$$\sigma_{mt} = \frac{1}{2}\sigma_c\left(m - \sqrt{m^2 + 4s}\right) \tag{2-8}$$

计算得：$\sigma_{mt} = 37.7 \times \left(3.15 - \sqrt{3.15^2 + 4 \times 0.13}\right)/2 \approx 1.38$MPa。

2.2.3 岩体抗剪切强度 c_m、φ_m 的工程处理

根据 Hook-Brown 准则，在 RMR 系统中，岩体抗压强度和抗拉强度可以用式 (2-7) 和式 (2-8) 表示，由此可以推出岩体黏结力为：

$$c_m = \frac{\sqrt{\sigma_{mc}\sigma_{mt}}}{2} \tag{2-9}$$

计算得：$c_m = \sqrt{13.6 \times 1.54}/2 \approx 2.30$MPa。

岩体的摩擦角 φ_m 为：

$$\varphi_m = \arctan\left(\frac{\sigma_{mc} - \sigma_{mt}}{2\sqrt{\sigma_{mc}\sigma_{mt}}}\right) \tag{2-10}$$

计算得：$\varphi_m = 52°$。

2.2.4 岩体变形参数的工程处理

（1）岩体变形模量 E_m 的工程处理。

Serafim，Pereira 等提出 E_m 与 RMR 的关系为：

$$E_m = 10^{\frac{RMR-10}{40}} \tag{2-11}$$

计算得：$E_m = 33.5$GPa。

（2）岩体泊松比 μ_{m} 的工程处理。

$$\mu_{\mathrm{m}} = 0.25(1+e^{-0.25\sigma_{\mathrm{mc}}}) \tag{2-12}$$

计算得：$\mu_{\mathrm{m}} \approx 0.26$。

（3）岩体体积模量 K_{m} 与剪切模量 G_{m} 的工程处理。

$$K_{\mathrm{m}} = \frac{E_{\mathrm{m}}}{3(1-2\mu_{\mathrm{m}})} \tag{2-13}$$

$$G_{\mathrm{m}} = \frac{E_{\mathrm{m}}}{2(1+\mu_{\mathrm{m}})} \tag{2-14}$$

计算得：$K_{\mathrm{m}} = 23.3\mathrm{GPa}$，$G_{\mathrm{m}} = 13.3\mathrm{GPa}$。

上述相关计算公式中，E_{m} 表示岩体变形模量，σ_{mc} 表示岩体单轴抗压强度，RMR 表示利用 RMR 系统的评分值。

根据室内试验获得岩块的力学参数，通过 Hook-Brown 准则求得岩体力学参数，计算结果见表 2-12。

表 2-12 岩体力学参数

岩体名称	密度 /g·cm⁻³	弹性模量 /GPa	泊松比	抗压强度 /MPa	抗拉强度 /MPa	黏聚力 /MPa	内摩擦角 /(°)
凝灰岩	2.70	33.6	0.26	13.6	1.38	2.30	52

2.3 本章小结

本章介绍了矿区岩体质量分类的 CSIR 方法，通过对矿区深部矿岩物理力学性质、现场地质调查研究，确定了岩体质量分级 RMR 值，并运用 Hook-Brown 准则对该金矿深部岩体的力学参数进行了估计，为进一步开展矿区岩石工程稳定性分析提供了基础数据。

3 集群开采理念与集群采矿方法设计

3.1 集群开采理念

针对多条平行急倾斜矿脉群，对已有的采矿方法进行整理与归纳，确定符合该类矿体适宜的采矿方法。具体而言，将采场结构（包括布置形式、结构参数、采切工程等）和采场回采工作（包括落矿、矿石运搬与地压控制）两大方面具有合作、协调或同步等属性的采矿方法定义为集群采矿方法。

对比传统的先回采矿房后回采矿柱的两步骤回采空场法，多矿脉集群采矿理念则为一步骤回采，具体的理念如下：矿脉群中的多条矿脉通过"集群采矿方法"，实现数条矿脉群的集中高效开采。通过分段运输巷道将中段均分为两个高度近似相等的分段，通过采场联络道将分段进一步划分为采场（采场不留间柱顶柱，各采场之间无明显界限），阶段内相邻矿脉回采时间隔一个采场（下盘矿脉超前上盘），同一矿脉内实行接续回采，上下分段实行阶梯式推进（下分段超前回采），多矿脉群同时回采推进，分层回采分层充填，一次充填高度与分层回采高度一致或分段回采结束后一次充填全分段，待充填体完成养护后，即可回采相邻采场。集群多矿脉的回采推进均为一步骤回采采场内矿石，再无二次后续作业，即"集群开采理念"。

3.2 集群开采理念与现有开采理念的关系

集群采矿理念的提出，建立在协同采矿理念之上。与传统采矿方法相比，集群采矿方法在理念、思想、看待问题的角度、处理问题的方式等方面有较大差异。传统采矿方法是一套完整的模式化流程，建立在多专业高度分工的基础上，主要描述的是矿房矿块的回采方式与不同矿块间回采的先后顺序；而集群采矿，更为强调各采矿要素间或要素自身作业具有的合作效应，以及生产的多矿脉之间同时回采的协同效果。因此，集群采矿理念的主要特点为：

（1）集群采矿法隶属于采矿方法，多矿脉同时回采推进具有协同开采属性；

（2）集群采矿方法具有协同性，可保证多条矿脉群的安全、高效、同时回采，并有助于实现多矿脉群的顺利开采；

（3）区别于常用采矿方法，集群采矿方法强调在采场结构参数与回采工艺两大方面所含要素之间或要素自身作业具有的协调与同步等属性，进而实现多矿脉集群同时回采，是一类特殊的、讲究高效益的采矿方法。

3.3 集群开采技术体系设计

集群开采体系源于系统概念，系统是由相互制约的各部分组成具有一定功能的整体[56]，主要表现出整体性、层次性、关联性、功能性等特征[57]。所谓集群开采，是指待开采矿床赋存有多条平行或近似平行矿脉，随着在开采过程中可能出现的相邻矿脉之间的相互扰动或岩体贯通破坏，通过合理的集群多采场协调开采，在回采过程采取某种或某些工程技术措施，和谐处理其他不良隐患因素的影响，进而使多种工程达到共赢的结果，最终促进矿产资源的和谐开采[58,59]。

集群开采技术体系设计可以分为：（1）集群采矿方法设计；（2）集群采矿方法协同性分析；（3）集群采矿方法采场结构优化；（4）多矿脉集群开采顺序研究；（5）集群开采系统可靠性分析，（6）集群开采通风系统优化。集群开采技术体系如图 3-1 所示。

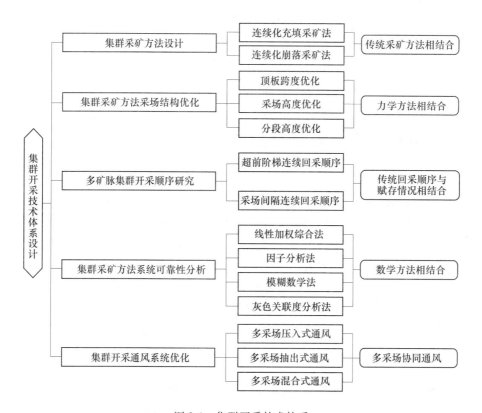

图 3-1 集群开采技术体系

3.4　集群采矿方法设计

　　地下矿山采矿方法的选择在生产过程中起着至关重要的作用,所选择的采矿方法是否合理,将直接影响矿山的经济效益与生存发展[60]。难采矿体的实质是矿体赋存地质条件复杂,开采技术条件复杂,而目前已有的采矿方法适应性差,难以用于该类矿脉或矿山。若沿用现有的采矿方法,难以获得比较好的经济效益,甚至无法回采而被迫放弃矿山,造成地下有限资源的浪费与破坏。当前正值"供给侧结构改革"的关键时期,采矿工作者仍需大力提倡一些采矿技术新理念及"因矿创法"的新思维,摒弃"因法套矿"的旧观念,持续地促进集群采矿方法的科技进步。

3.4.1　集群采矿方法适用条件与特点

　　集群采矿方法适用于开采围岩中等稳固以上的薄至中厚急倾斜矿脉群。一般矿体倾角在55°以上,矿体厚度在0.8~4m的矿脉。集群采矿采用分段回采,矿体厚度大于5m时可分层回采,集群采矿方法包括深孔分段空场上向嗣后充填采矿法与浅孔水平分层上向连续充填采矿法[61]。

　　深孔分段空场上向嗣后充填采矿法的主要特点为:深孔一次回采分段高度,出矿结束后分层充填,充填体养护完成后开始回采下一矿房;浅孔水平分层上向连续充填采矿法的主要特点为:分段开采分段充填,最后一分段充填养护结束后,开采相邻采场,保证开采的高效安全。

3.4.2　深孔分段空场上向嗣后充填采矿法设计

3.4.2.1　采场构成要素

　　采场沿矿体走向布置,采场长度10~15m(地质条件良好时采场长度可适当增加),采场宽度与矿体水平厚度一致,阶段高度采用40~50m(若倾角在60°以上,且矿石围岩稳固,也可采用50~60m),每一阶段平均划分为两个分段,分段之间通过斜坡道相连,采场与分段平巷之间通过采场联络道相连,采用深孔落矿,一次回采分段高,分层充填,每层充填5m,最后一次进行接顶处理。临时顶柱厚度3~6m(视地质条件,采场跨度,暴露面积决定),深孔分段空场上向嗣后充填采矿法如图3-2所示。

3.4.2.2　采准工程布置

　　下盘脉外15~20m处布置一条阶段运输平巷,在相邻两个阶段之间打一条斜坡道,位于阶段1/2高度处打一条分段运输平巷,将一个完整的阶段划分为两个分段。在分段运输平巷间距10m向矿体掘进一条联络道,并贯穿中段内每一条矿

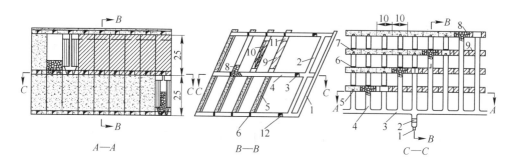

图 3-2　深孔分段空场上向嗣后充填采矿法

1—出矿溜井；2—斜坡道；3—分段平巷；4—采场联络道；5—泄水井；6—采场封堵；7—充填体；
8—采场待出矿石；9—未采矿石；10—炮孔；11—顶柱；12—中段运输平巷

脉，联络道尺寸（2~3）m×（2.5~3）m，到达矿体后以矿体水平厚度向联络道左右各5m做切割拉槽工程，再向上打2.5m使之形成一个长10m、高5m、宽为矿体水平厚度的底部拉槽，为后续的深孔爆破提供补偿空间（为方便出矿可施工成底部堑沟结构，出矿结束后可进行回收该结构的矿石）。

3.4.2.3　回采工艺

沿矿体倾角打上向炮孔，预留3~6m厚矿体作为顶柱，炮孔完成后进行爆破并回采矿石，留下的顶柱由上一阶段的联络道进行打孔，与采场中矿体最后一次大规模爆破一同回收。若底部采用堑沟结构，则在最后一批矿石运出采场之后进行爆破回收。在回采过程中，先进行下分段的回采，待充填体完全凝固后再进行上分段回采，为防止出现采场垮塌，上下分段采场应交错布置。

A　凿岩

以YGZ90型凿岩机为主，YT28型凿岩机为辅进行凿岩，炮孔沿矿体倾角方向竖直布置，垂直落矿，钻孔深7.2~19.5m。首先在矿房中间打一排上向炮孔进行掏槽爆破，为随后的大规模爆破提供补偿空间。其次使用YGZ90型凿岩机以切割立槽对称轴左右两边各打三排扇形孔，三排扇形炮孔的最小抵抗线分别为1m、1.15m和1.3m，炮孔密系数为1.45~1.9。顶柱回收的凿岩工作在上一阶段的联络道中进行，采用YT28进行凿岩，打扇形钻孔，孔深3~5.2m。

B　爆破

炮孔采用密集装药，选用岩石乳化炸药，装药器装药，装药系数一般不大于0.8。采用毫秒延期非电雷管微差爆破。

C　通风

充分利用矿山已有的通风系统进行回风，进行分段运输巷道与采场联络道掘进作业时，采用局扇进行通风。进行矿块底部拉槽时采用局扇通风，当拉槽作业结束，进行矿块补偿空间凿岩作业时，由分段运输巷道进风洗刷凿岩工作面后从上一中段的中段运输巷道回风。所有污风最终汇入矿山的通风系统排出至地表。

D 采场排险与支护

为保证凿岩与出矿过程的安全，首先保证通风，通风良好后再进行后续工作，由人工站在爆堆上进行采场顶板检查与撬浮石工作。采场顶板浮石清理完毕后，使用管缝式锚杆对采场顶板进行支护，支护网度为（1.0~1.5）m×（1.0~1.5）m。

3.4.2.4 采场充填

采场充填的高度与分段高度相同，为防止充填过程中出现充填体离析，采用分层充填，每层充填高度为 5m，最后一次充填时进行接顶处理。前 4 个分层及最后一个分层的前 2m 采用灰沙比 1∶10 的胶结体进行充填，最后一层的后 3m 采用灰沙比 1∶8 的胶结体进行充填。下分段的第一层充填时需要铺设人工假底，假底可采用混凝土胶结材料加钢筋进行制作。

3.4.3 浅孔水平分层上向连续充填采矿法设计

浅孔水平分层上向连续充填采矿法与深孔分段空场上向嗣后充填采矿法在采场构成要素、采准工程布置、回采工艺等方面有许多相同之处，现对浅孔水平分层上向连续充填采矿法与深孔分段空场上向嗣后充填采矿法不同之处进行讲述，相同之处不再赘述。

3.4.3.1 采场构成要素

采场沿矿体走向布置，平均长度 15~20m，宽度与矿体水平厚度一致。阶段高度 40~50m（阶段高度视具体地质情况而定），每一阶段均分为两个分段，分段之间通过斜坡道相连。采场与阶段运输巷道（或分段运输巷道）之间通过采场联络道相连。浅孔落矿，一次回采 2~5m，充填高度与回采高度一致。浅孔水平分层上向连续充填采矿法如图 3-3 所示。

3.4.3.2 采准工程布置

当集群矿脉数量较多时，可采用上下盘环形布置。阶段运输巷道与分段运输巷道距矿体 15~20m，分别位于上下盘移动带之外。在上下两阶段运输巷道之间掘进一条斜坡道，将一个完整的中段均分为两个分段。自阶段（分段）运输巷道每隔 12~20m 向矿体掘进一条采场联络道，连通所有矿脉群。到达矿体后，根据矿体的厚度，向左右两侧进行切割拉槽工作，底部施工为堑沟结构以方便出矿。自下阶采

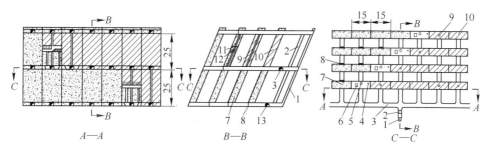

图 3-3 浅孔水平分层上向连续充填采矿法

1—出矿溜井；2—斜坡道；3—分段平巷；4—泄水井；5—采矿溜井；6—人行通风井；

7—充填体；8—采场封堵；9—回风天井；10—采场未采矿石；

11—炮孔；12—采场待出矿石；13—中段运输平巷

场段联络道打一条回风天井与上一阶段采场联络道贯通，使之形成一个长 15m、高 2.5m、宽为矿体水平厚度的底部拉槽，为后续回采提供作业空间。

3.4.3.3 回采工艺

浅孔水平分层上向连续充填采矿法回采工艺与深孔分段空场上向嗣后充填采矿法工艺类似，使用相同的设备，YGZ90 型凿岩机开凿回风天井，YT28 型凿岩机开凿采场内矿体；以回风天井为界，分两次爆破，爆破一次回收当次爆破的矿石，待矿石回收完成后，进行下一次爆破，回收该回采分层的剩余矿石。注意，在爆破过程中应对人行设备井、泄水井、溜矿井进行必要的覆盖保护，防止爆破矿石破坏各种井的功能结构。

3.4.3.4 采场通风与充填

采场采用局扇压抽混合式通风，将爆破后的炮烟抽出排入矿山整体回风系统；通风后再进行顶板检查和撬浮石工作。采场充填的高度与一次回采高度一致，每层用灰沙比 1∶10 的胶结体进行充填，下分段的第一层充填时需要施工人工假底，假底可采用混凝土胶结材料加钢筋进行制作。

3.5 集群采矿法主要经济技术指标

以下主要经济技术指标中，方法 I 为深孔分段空场上向嗣后充填采矿法，方法 II 为浅孔水平分层上向连续充填采矿法。

3.5.1 采场出矿能力

铲运机的理论出矿能力按式（3-1）计算：

$$Q = 3600\mu\gamma k / mT \tag{3-1}$$

式中 Q 为铲运机的理论出矿能力，t/h；μ 为铲斗容积，m^3；γ 为矿石密度，t/m^3；k 为铲运机铲斗满载系数；m 为矿石松散系数；T 为铲运机产装、运、卸一斗的时间。

铲运机合理运距应在 100m 范围内，以保证台班工作时间为 5h，铲运机理论出矿能力如表 3-1 所示。

表 3-1   铲运机理论出矿能力表

出矿距离/m	15	25	35	45	55	65	75	85
出矿能力/t	195.8	89.0	57.6	42.6	33.8	28.0	23.9	20.8
实际出矿能力/t	156.7	71.2	46.1	34.1	27.0	22.4	19.1	16.7

该矿山采用 WJ-0.4 型柴油铲运机进行出矿，台班工作时间 5h，理论出矿能力 40.8t/（台·班），实际能力可以达到 36.7t/（台·班）。

3.5.2 采场生产能力与工效

采场生产能力与工效是采场的重要技术指标之一，影响因素多，与采矿方法、采矿设备、劳动组织、生产管理密切相关。根据相似矿山的实际情况，参考其相关技术指标，用于计算的主要技术指标为：（1）YGZ90 型中深孔凿岩机，160m/（台·班）；（2）YT28 型凿岩机，80m/（台·班）；（3）铲运机出矿能力，36.7t/（台·班）；（4）充填能力，100m^3/h。

方法 I：采场长度 10m，分层高度 25m，矿体平均厚度 3.5m，矿块矿量为 2368t，单排钻孔长 72.3m，炮孔利用率 90%，每循环凿岩 80m，按矿体长 10m，共 6 排炮孔计算，每次凿岩两排炮孔，回采一个矿房需要 11 天，矿房的充填及养护时间需 9 天，故一个采场的采矿循环周期为 20 天。一个采场的循环作业时间如图 3-4 所示。单个盘区生产能力为 220t/d。完成凿岩、爆破、出矿、支护、通风一个矿房共用 18 工·班，充填需用 2 工·班，合计 20 工·班，采矿工效为 118.4t/（工·班）。

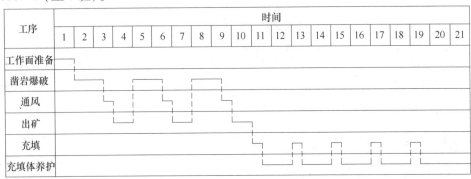

图 3-4   方法 I 单采场循环作业时间

方法Ⅱ：采场长 15m，分层高度 25m，矿体平均厚度 5m，矿块矿量为 5052t，单排钻孔长 9.8m，炮孔利用率 90%，每循环凿岩 58.8m，按矿体长 15m，共十二排炮孔计算，每次凿岩六排炮孔，回采一个循环需要 3.5 天，故一个采场的采矿循环周期为 29 天。一个矿房的循环作业时间如图 3-5 所示。单个盘区生产能力为 330t/d。完成凿岩、爆破、出矿、支护、通风一个矿房共用 14 工·班，充填需用 2 工·班，合计 16 工·班，采矿工效为 315.75t/(工·班)。

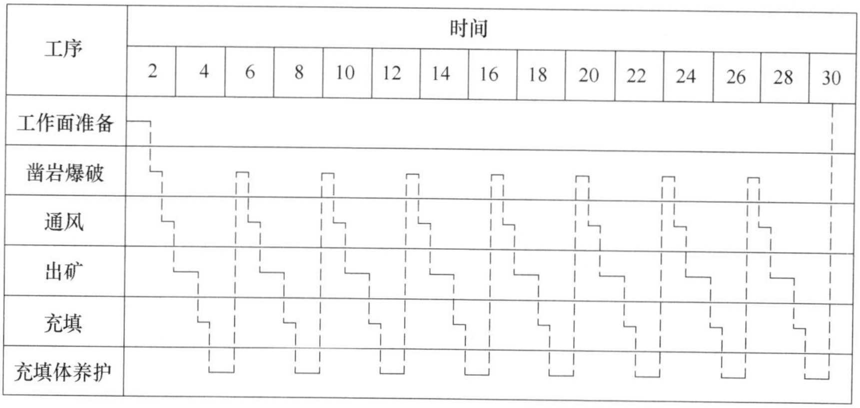

工序	时间														
	2	4	6	8	10	12	14	16	18	20	22	24	26	28	30
工作面准备															
凿岩爆破															
通风															
出矿															
充填															
充填体养护															

图 3-5 方法Ⅱ单采场循环作业时间

3.5.3 采场的主要技术经济指标

采场的主要技术经济指标见表 3-2。

表 3-2 采场的主要技术经济指标表

指标	方法Ⅰ	方法Ⅱ
凿岩效率	160m/(台·班)	80m/(台·班)
盘区生产能力	220t/d	330t/d
铲运机出矿工效	36.7t/(台·班)	36.7t/(台·班)
贫化率	10%	8%
损失率	8%	8%
采矿成本	79.88 元/吨	80.27 元/吨

3.6 本章小结

本章提出了集群开采理念，并阐述了集群开采理论技术体系内涵。基于集群采矿理念，设计了深孔分段空场上向嗣后充填采矿法与浅孔水平分层上向连续充填采矿法两种开采方法，两种方法均可有效提高薄矿脉开采产量。在集群采矿法中，不留设顶、底、间柱可有效降低采矿损失率。多条矿脉群同时回采，增加了回采推进速度，矿房回采结束后及时充填可防止地表塌陷，确保了开采的安全性。

4 集群开采顶板安全跨度计算及模拟分析

<<<<<<<<<<<<<<<<<<<<<<<<<<<<<<<<<<<<<<<<<<<<<<<<<<<<<<<<<

多矿脉集群开采的进行，易形成多采场同时开采，因此回采过程中采场稳定至关重要，其中，采场顶板的稳定与否直接影响工作人员的人身安全与回采工率。顶板的冒落与垮塌破坏，主要有三种形式：断层受剪型冒落、顶板受拉型冒落和矿柱失稳型冒落。根据集群开采理念，在实现资源开采的同时，要和谐处理其他不良因素。本章对提出的集群采矿方法，采用平板梁理论计算法、荷载传递交线法、厚跨比法、普氏拱法、结构力学梁理论法计算分析了顶板的稳定性，确定其合理跨度范围，再通过 FLAC[3D] 数值模拟确定集群多采场的顶板安全跨度[62]。

4.1 集群开采顶板破坏模式及稳定性影响因素

4.1.1 顶板破坏模式

矿房开采之后，在次生应力场的作用下发生的剪切或拉裂破坏，是矿房顶板的主要失稳形式。由于水文、地质、爆破、开采与出矿等各种因素的影响，破坏存在不同的模式。根据文献分析，采场顶板主要失稳破坏形式可分为拱形冒落、弯曲折断、楔形冒落、整体垮落及其他不规则冒落[63]。

(1) 拱形冒落。若矿房顶板岩体为破碎块状，节理裂隙发育程度高且内聚力低，则层状岩体被节理裂隙切割，顶板岩体在拉应力和剪应力的综合作用下，逐渐冒落，最终形成拱形。

(2) 弯曲折断。破碎带垂直矿体走向，分割顶板，虽顶板整体性较好，但岩体强度较低，中厚以下的顶板岩体会沿破碎带发生冒落，顶板形成悬臂梁，在重力场和工程扰动的作用下，主要表现为拉裂破坏，最终使岩体梁在竖直方向上发生弯曲折断。

(3) 楔形冒落。若顶板被多条较大的裂隙或破碎带切割，且与顶板的切割夹角较小，顶板岩体被两个或多个结构弱面组合切割，切割形成的棱柱状或棱锥状岩块，最终在重力的作用下脱离母体形成楔形冒落。

(4) 整体失稳垮落。开采过程，矿房顶板中央位置拉应力较大，易发生较大的弯曲变形，若超过顶板岩体极限变形与极限抗拉强度，则岩体产生裂纹并向两侧生长，随着裂纹扩展贯通，受上部岩体荷载影响，最终导致顶板整体失稳垮落。

（5）不规则冒落。若顶板岩体情况良好，无破碎带及其他结构面，顶板岩体仅被小范围节理裂隙切割，则层状顶板不会发生上述的较大程度破坏，而是发生小范围的不规则冒落。

结合贵金属薄矿脉群的具体情况，设计采用深孔分段空场上向嗣后充填采矿法与浅孔水平分层上向连续充填采矿法，多矿脉群分为不同回采进路，超前阶梯接续回采顺序；随着回采工作的进行，采场数目增多，顶板可能出现楔形冒落、沿破碎带冒落型破坏。

4.1.2　顶板稳定性影响因素

在地下矿山开采过程中，影响顶板变形与破坏的因素众多，但总体可以分为两大类：一是内在因素；二是外在因素。

（1）内在因素。主要是顶板岩体的内在性质，包括岩石的物理力学特性、节理裂隙发育情况和工程地质条件。岩石的物理力学特性主要包括容重、孔隙率、膨胀性、吸水性、透水性、崩解性等。顶板岩体的固有性质对顶板跨度以及顶板稳定性起决定性作用。若存在地下水，则顶板岩体具有明显软化作用，极大降低了岩体强度，影响安全开采。

（2）外在因素。

1）采空区的影响。地下采空区的暴露面积大小与时间长短直接影响顶板的稳定性，研究矿脉开采过程顶板安全应全面考虑暴露面积与时间的影响，以寻求最佳的顶板厚度与地下采空区暴露面积大小、时间长短的组合。

2）回采顺序的影响：同一条矿脉的回采顺序分为前进式，后退式以及混合式，多矿脉间回采通常确定超前错距，不同的回采顺序相互结合，矿脉群顶板的应力分布、位移大小和塑性区范围的影响则各不相同。

3）爆破振动影响：开采生产过程产生大量的爆破冲击波，作用于矿房顶板与保安矿柱，对岩体造成累积疲劳损伤，通过控制单次爆破药量，施挂锚网等措施，减小爆破对矿房顶板或保安矿柱的影响。

4.2　采场顶板力学模型

4.2.1　采场顶板力学模型确定

由于地下岩体情况非常复杂，建立的模型往往难于完全模拟地质情况，在进行数值模拟时通常进行简化处理。采用弹性力学法进行模型分析时，顶板岩体服从弹性力学基本假设，即各向同性、完全弹性体，以及遵循小变形假设。基于以上假设可将采场顶板力学模型简化为以下5种。

（1）当保留采场顶板与围岩的一端边界接触良好，即无连续贯通裂缝，其余接触边界岩体有大量贯通裂缝时，可以将采场顶板视为悬臂梁（采场顶板长度远大于宽度的情况）或者为悬臂板（当预留的采场顶板长度与宽度差别不大时），如图 4-1 所示，其中 L 为顶板长度。

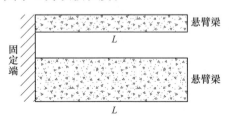

图 4-1 悬臂梁模型示意图

（2）当采场顶板与采场围岩接触部位岩体完整性良好，即无连续贯通裂缝，同时其余部位与顶板岩体接触部分存在较大的贯通裂隙，接触部位岩体只能为采场顶板提供较小的支撑力时，可以将采场顶板视为固定梁（当采场顶板长度远大于宽度时）或是固支自由板（当采场顶板长度与宽度差别不大时），如图 4-2 所示。

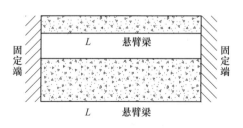

图 4-2 固定梁模型示意图

（3）当预留的采场顶板与围岩两端稳固性良好，即无连续贯通裂缝，其余与采场顶板接触部分存在较大的贯通节理裂隙，但是接触部分岩体为采场顶板提供良好支撑的情况下，可以将顶板视为固支简支板（采场顶板长度与宽度差别不大时），如图 4-3 所示。

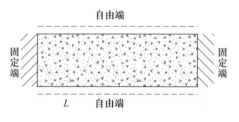

图 4-3 固支简支板模型示意图

（4）当预留的采场顶板与四周围岩接触良好时，即四周围无连续贯通裂缝或断层，可将其视为固支矩形板，如图4-4所示。

（5）当采场顶板与顶板围岩存在贯通裂隙或断层剪过，接触部分的岩体只能为顶板提供较小的支撑力甚至无支撑的情况下，可以将采场顶板视为简支梁（当采场顶板长度远大于宽度时）或者是简支自由板（当采场顶板长度与宽度差别不大时），如图4-5所示。

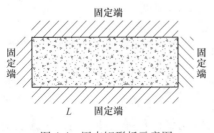

图4-4　固支矩形板示意图

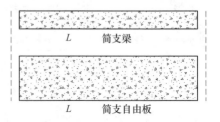

图4-5　简支梁、简支自由板示意图

对浅孔水平分层上向连续充填采矿法采场模型进行简化，如图4-6所示。该模型可简化为采场顶板长度 L（采场顶板岩体跨度），顶板厚度 H 为25m（与中段高度相同），顶板宽度5m（与矿体真实厚度相同）的简支梁模型。综合采用平板梁理论计算法、普氏压力拱法、厚跨比法、荷载传递交汇线法、结构力学梁理论法进行计算，将不同安全系数下最大顶板安全跨度计算结果使用五法协同均算界定法确定其合理跨度 L，采场简化模型建立如图4-6所示。

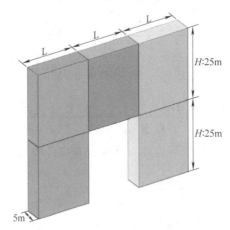

图4-6　简化采场模型（固支梁模型）

4.2.2　安全系数法基本原理

通过引入有限元强度折减理论，将模型中任意点的应力-应变强度折减过程

（如图 4-7 所示）与莫尔-库伦准则条件下的安全系数接轨，对金属矿床动态开采过程中的矿岩稳定性做出安全评价[67]。

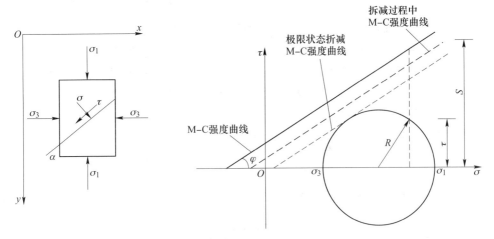

图 4-7 任意点的应力-应变问题强度折减过程

岩体的抗剪强度与作用在岩体上的应力场有关，假设潜在滑动面与最大主应力的夹角为 α，潜在滑动面面积为 A，当岩体中破坏面上的剪应力超过其抗剪强度时岩体剪切破坏，满足静力平衡条件：

$$\sum F_x = 0 \quad \sigma A\cos\alpha + \tau A\sin\alpha = \sigma_1 A\cos\alpha \tag{4-1}$$

$$\sum F_y = 0 \quad \sigma A\sin\alpha + \tau A\cos\alpha = \sigma_1 A\sin\alpha \tag{4-2}$$

根据任意斜面上应力分量变换关系，联立式（4-1）和式（4-2）可得作用于该破裂面上的法向及切向应力分别为：

$$\sigma = \sigma_1 \sin^2\alpha + \sigma_3 \cos^2\alpha = (\sigma_1 - \sigma_3)\sin^2\alpha + \sigma_3 \tag{4-3}$$

$$\tau = (\sigma_1 - \sigma_3)\sin\alpha\cos\alpha \tag{4-4}$$

该面上的抗剪强度 σ_c，按莫尔-库伦准则有：

$$\sigma_c = \sigma\tan\varphi + c = \left(\frac{\sigma_1 + \sigma_3}{2} + \frac{\sigma_1 - \sigma_3}{2}\cos2\alpha\right)\tan\varphi + c \tag{4-5}$$

式中，φ、c 分别为潜在滑动面的内摩擦角和黏聚力。

根据抗剪安全系数的定义：该面上抗剪安全系数等于该面上的抗剪强度与该面上的实际剪应力的比值，即：

$$K = \frac{\sigma_c}{\tau} \tag{4-6}$$

将式（4-3）和式（4-4）代入式（4-6），可知该面的抗剪安全系数与面的方向角 α 有关，说明过一点的不同面，其抗剪安全系数不同。因此，抗剪安全系数最小的面即为危险破坏面，可以通过求最小值的方法求得其位置 α，即令 $\dfrac{\mathrm{d}k}{\mathrm{d}\alpha} = 0$，

简化后得:

$$\alpha = \arccos\left(-\frac{\sigma_1 - \sigma_3}{2} \middle/ \left(\frac{\sigma_1 + \sigma_3}{2} + c\cot\varphi\right)\right) \tag{4-7}$$

有限元中强度折减安全系数 K 是一个评价复杂应力状态下的单元稳定性程度指标,能够评价单元接近塑性屈服的程度,能直观反映岩体在应力作用下的稳定状况,它与岩体强度、应力和强度准则有直接关系。当 $K>1$ 时,表示单元未破坏(屈服面内部); $K<1$ 时,表示单元已被破坏(屈服面外部); $K=1$ 时,表示临界状态(屈服面上部)。

4.3 岩体力学参数选取

根据矿区工程岩体质量分类,结合室内物理力学试验与现场调查,确定矿区岩体力学与充填体的力学参数见表4-1。

表4-1 岩石力学参数

岩体名称	密度 /g·cm^{-3}	弹性模量 /GPa	泊松比	抗拉强度 /MPa	抗拉强度 /MPa	黏聚力 /MPa	内摩擦角 / (°)
凝灰岩 (围岩)	2.70	23.3	0.26	13.6	1.38	2.30	52
蚀变凝灰岩 (矿体)	2.70	3.41	0.26	13.6	1.38	2.30	52
充填体	1.8	0.4	0.28	5	0.2	0.3	25

4.4 顶板安全跨度计算

4.4.1 平板梁理论法

平板梁理论法是一种较常用的顶板跨度算法,假设矿房顶板为固定梁结构,可以通过系数折减将岩体的物理力学性质和结构弱化系数综合考虑在内,但该法未考虑岩体的地质和结构破坏特征对顶板安全厚度、顶板形状及工作设备等外加荷载的影响。顶板跨度计算如下:

$$L = \sqrt{\frac{\sigma_{极} \cdot 2H}{n\rho}} \tag{4-8}$$

式中, $\sigma_{极}$ 为顶板岩石抗拉强度,MPa; H 为安全顶板厚度,m; n 为安全系数; ρ 为顶板岩石容重,t/m^3。

计算结果如表 4-2 与图 4-8 所示。

$$L = \sqrt{\frac{8.26 \times 2 \times 25}{1.5 \times 2.7}} = 10.1 \mathrm{m}$$

表 4-2 平板梁理论法计算结果

安全系数 n	1.5	1.6	1.7	1.8	1.9	2.0	2.1	2.2	2.3
顶板安全跨度/m	10.1	9.8	9.5	9.2	9.0	8.7	8.5	8.3	8.2

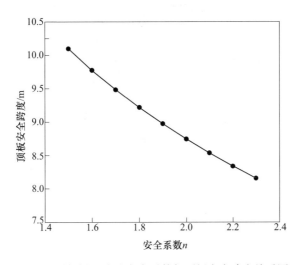

图 4-8 平板梁理论法安全系数与顶板安全跨度关系图

4.4.2 荷载传递交汇线法

该方法假设外载荷中心位置沿重力方向竖直向下传播，扩散角为 30°~35°。当顶板的荷载传递交汇线位于采空区外时，认为采空区外壁围岩或矿柱直接支撑顶板的外载荷和上层岩体的重量，此时顶板岩体则处于安全的状态。其原理如图 4-9 所示，图中 x、y 为坐标轴，H 为顶板岩体厚度，L 为顶板岩体跨度。

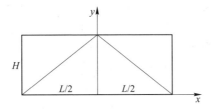

图 4-9 荷载传递交线法计算示意图

设 α 为荷载传递线与顶板安全厚度隔离层顶部中心线夹角。隔离层安全厚度计算公式如下：

$$L \leqslant \frac{2H\tan\alpha}{n} \tag{4-9}$$

计算结果如表 4-3 与图 4-10 所示。特别地，当 $n=1.5$ 时，

$$L \leqslant \frac{2H\tan\alpha}{n} = \frac{2\times25\times\tan32°}{1.5} = 20.8\text{m}$$

表 4-3　荷载传递交线法计算结果

安全系数 n	1.5	1.6	1.7	1.8	1.9	2.0	2.1	2.2	2.3
顶板安全跨度/m	20.8	19.5	18.4	17.4	16.4	15.6	14.9	14.2	13.6

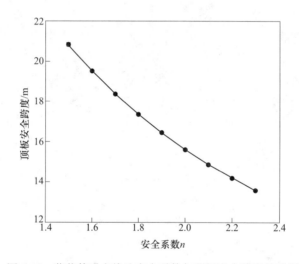

图 4-10　荷载传递交线法安全系数与顶板安全跨度关系图

4.4.3　采矿厚跨比法

该方法常用于稳固围岩。采矿厚跨比理论是指安全顶板厚度 H 与采场跨度 L 之比 $H/L \geqslant 0.5$ 时，采场顶板处于安全状态，根据这一比例关系引入安全系数 n，得到不同安全系数下采场顶板跨度和安全顶板厚度的计算结果。该方法的缺点是难以考虑顶板荷载的完整性、形状、荷载的大小和性质以及顶板的性质。根据这一比例关系引入安全系数 n，即可利用式（4-10）计算不同安全系数下的顶板极限跨度。

$$L \leqslant \frac{H}{0.5n} \tag{4-10}$$

根据式（4-10），计算了当安全系数在 1.5~2.3 之间取值时的计算结果，如表 4-4 与图 4-11 所示。当 $n=1.5$ 时，

$$L \leqslant \frac{H}{0.5n} = \frac{25}{0.5 \times 1.5} = 33.3\mathrm{m}$$

表 4-4　厚跨比法计算结果

安全系数 n	1.5	1.6	1.7	1.8	1.9	2.0	2.1	2.2	2.3
顶板安全跨度/m	33.3	31.3	29.4	27.8	26.3	25.0	23.8	22.7	21.7

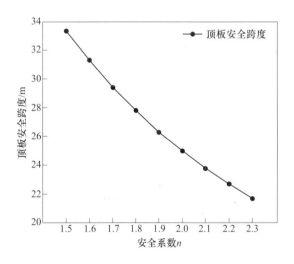

图 4-11　厚跨比法安全系数与顶板安全跨度关系图

4.4.4　普氏地压理论法

顶板上覆岩层于采场或采空区开挖后形成抛物线型成拱带，采场或采空区上部形成的自然拱承受上层岩体全部质量。对于坚硬岩体，由于顶板承受垂直压力，侧帮不受压，则可形成自然拱，此时顶板跨度可通过式（4-11）计算：

$$l = hf - h\tan(45° - \varphi/2) \tag{4-11}$$

$$L = \frac{2l}{n} \tag{4-12}$$

式中，l 为顶板跨度一半，m；h 为分层开采高度，m；φ 为岩石内摩擦角，（°）；f 为岩石坚固系数。

对于完整性较好的岩体，可以采用如下经验公式：$f = R_c/10$，R_c 为岩石的单轴极限抗压强度，MPa。计算结果如表 4-5 与图 4-12 所示。当 $n=1.5$ 时，

$$l = hf - h\tan(45° - \varphi/2) = 25 \times 7.61 - \tan(45° - 27°/2) = 17.5\text{m}$$

$$L = \frac{2l}{n} = \frac{2 \times 17.5}{1.5} = 23.3\text{m}$$

表 4-5 普氏拱法计算结果

安全系数 n	1.5	1.6	1.7	1.8	1.9	2.0	2.1	2.2	2.3
顶板安全跨度/m	23.3	21.9	20.6	19.4	18.4	17.5	16.7	15.9	15.2

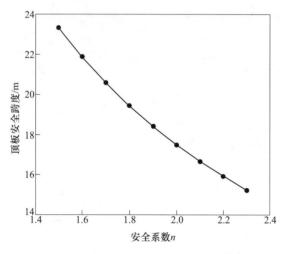

图 4-12 普氏拱法安全系数与顶板安全跨度关系图

4.4.5 结构力学梁理论法

结构力学梁理论方法假定采场顶板岩体为两端固定的扁梁结构，覆岩总荷载由顶板岩体及人、机械等附加外荷载构成，以岩体的弯拉强度作为采场顶板弯曲控制指标。采场顶板的弯矩为：

$$H = 0.25L(\gamma L + \sqrt{\gamma^2 L^2 + 8\sigma_{许} qb})/\sigma_{许}b \qquad (4\text{-}13)$$

式中，$\sigma_{许}$ 为允许拉应力，kPa；γ 为矿岩密度，kN/m³；b 为顶板宽度，m；q 为附加荷载，kPa；L 为采场顶板的安全跨度，$L = \sqrt{\sigma_{许} bH^2/0.0625(8q + 8H\gamma)}$；

$\sigma_{许} = \dfrac{\sigma_{极}}{k} = \dfrac{8.26}{2.3} = 0.359\text{MPa}$。

计算结果如表 4-6 与图 4-13 所示。特别地，当 $n = 1.5$ 时，

$$L = \frac{4H}{n}\sqrt{\frac{\sigma_{许} b}{8q + 8H\gamma}} = \frac{4 \times 25}{1.5}\sqrt{\frac{359 \times 5}{8 \times 150 + 8 \times 25 \times 27}} = 34.7\text{m}$$

表 4-6   结构力学梁理论法计算结果

安全系数 n	1.5	1.6	1.7	1.8	1.9	2.0	2.1	2.2	2.3
顶板安全跨度/m	34.7	32.6	30.6	28.9	27.4	26.1	24.8	23.7	22.7

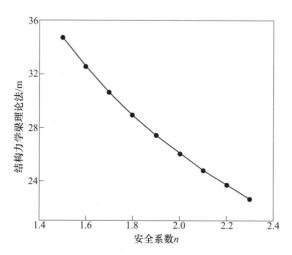

图 4-13   结构力学梁理论法安全系数与顶板安全跨度关系图

4.5   顶板安全跨度计算结果分析

由于采空区形状常处于不规则形态且岩性情况较为复杂，无论是经验类比法还是理论抽象法，都难以综合考虑复杂的地质情况。同时，理论计算方法存在其适用范围，单一模型的计算结果只能做参考。因此，将多种理论模型的计算结果进行均算处理，使计算结果更接近工程实际。本节采用协同均算界定法对不同方法的计算结果进行处理。

$$E\overline{L} = \frac{1}{k}\sum_{i=1}^{k} L_i \qquad (4\text{-}14)$$

式中，L_i 为不同方法的计算结果；k 为计算方法总个数；$E\overline{L}$ 为不同方法均算结果。对该方法的计算结果 $E\overline{L}$ 取方差 $D\overline{L}$ 以确定其离散程度，见式（4-15）：

$$D\overline{L} = \frac{1}{k-1}\Big(\sum_{i=1}^{k} L_i^2 - kE\overline{L}^2\Big) \qquad (4\text{-}15)$$

计算结果如图 4-14 所示，其中平板梁理论法、结构力学梁理论法得出的结果偏低，厚跨比法和普氏拱法计算结果偏高。

经综合分析，推荐安全系数与安全顶跨度、不同结果的离散程度的对应关系如表 4-7 所示。

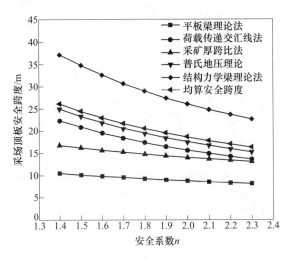

图 4-14 不同方法下安全系数与安全跨度关系

表 4-7 协同均算界定法安全顶板跨度结果与离散程度

安全系数 n	协同均算结果/m	不同结果离散程度
1.4	26.1	9.76
1.5	24.5	9.00
1.6	23.0	8.34
1.7	21.7	7.76
1.8	20.5	7.25
1.9	19.5	6.79
2.0	18.6	6.38
2.1	17.7	6.02
2.2	17.0	5.68
2.3	16.3	5.38

根据地下矿山开采经验，安全系数范围应取 1.6~2.0，该安全系数下不同计算结果的离散程度为 8.34~6.38，能满足数学要求。综上所述，该采矿方法安全跨度范围应取 23.0~18.6m。

4.6 集群采矿法顶板跨度数值模拟验证

4.6.1 集群采矿法采场模型建立

根据提出的采矿方法建立实体模型，如图 4-15 所示。考虑到实际情况与理论计算值之间的差异，对该计算值进行数值模拟时顶板跨度取18m。根据圣维南原理，数值模拟时模型尺寸应为研究区域尺寸的3~5倍，因此模型范围取 X 方向0~80m，Y 方向0~100m，Z 方向0~80m。用于模拟的模型主要考虑对采场顶板稳定性起控制作用的结构面，较小的结构面如节理、裂隙等则在岩体力学参数中予以适当折减。矿山的开拓巷道、采场联络道虽然对上下盘围岩及矿区的力学状态有一定影响，但它们的影响仅是局部的，又由于开拓巷道、采场联络道在开挖后均进行喷锚等支护，因此该影响在数值模拟中可以忽略不计。

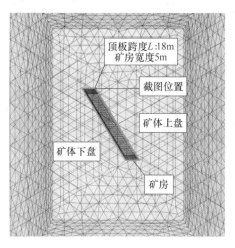

图4-15　采场实体模型图

4.6.2　集群采场顶板位移应力塑性区云图分析

采场顶板数值模拟主要是对采矿扰动效应的评价，可以不考虑时间效应的影响，因此将岩体视为完全弹塑性介质。根据计算采场模型形态，对实体模型进行网格划分，关键部位划分相对密集，边界位置相对较疏。各单元在外部荷载或边界条件约束下，根据约定的线性或非线性应力-应变关系，进行力学响应模拟。对应的应力、位移和塑性区云图如图4-16~图4-18所示。

由应力云图可得，最大主应力 σ_1 为0.284MPa，主要存在于采场中央，上盘围岩应力扰动范围明显大于下盘围岩，下盘围岩更接近原岩应力，开采过程中应加强对上盘围岩的支护与监控工作。由位移云图可知，最大位移集中出现在采场顶板中央，最大位移为9.7mm，随着采空区出现，上盘围岩扰动逐步出现，且上盘围岩扰动范围大于下盘围岩，最大位移小于《采矿设计手册》中规定的相对收敛值18~45mm的下限[64]，因此可以保证回采过程中位移的安全要求。由塑性区分布云图可知，随着开挖进行，顶板内、顶板侧面及顶板上盘范围出现1~3m

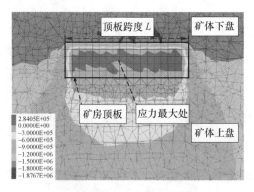

图 4-16 顶板位移云图

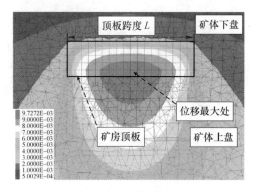

图 4-17 顶板位移云图

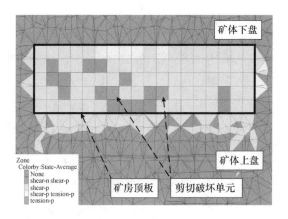

图 4-18 顶板塑性区云图

的塑性区破坏，相比较而言，顶板中央位置存在较为严重的小范围岩体掉落，开采过程中应注意加强采场顶板监控。

4.7 本章小结

根据集群开采理念对顶板安全跨度进行计算，通过多种方法计算得到安全跨度范围在 18.6~23.0m 之间。由于矿房形状、尺寸、岩性等极复杂，经验类比法与理论抽象法都有一定的局限性，模型的建立、节理与裂隙情况都难以与真实岩体情况相匹配；同时，理论方法存在其适用范围，其单一结果只能做参考，并且需采用协同均算界定法进行结果处理。顶板安全跨度数值模拟结果表明，最大主应力为 0.284MPa，最大位移为 9.7mm，矿房中央位置存在小范围剪切应力破坏。如果某一个值偏离较大，则需要进行数值模拟验算和工程实验确定最终结果。

5　单一采场结构参数优化

本章以某金矿为例，采用数值模拟方法，研究单一采场回采时，深孔分段空场嗣后充填法和浅孔水平分层上向胶结充填法采矿采场结构参数的优化问题。

5.1　研究方法及其特点

采用 FLAC^{3D} 有限差分软件对采场结构参数进行模拟计算，确定最佳的采场长度。FLAC^{3D} 采用显式拉格朗日算法和混合-离散分区技术，能够非常准确地模拟材料的塑性破坏和流动。由于无须形成刚度矩阵，因此，基于较小内存空间就能够求解大范围的三维问题。

5.2　屈服准则及力学模型

FLAC^{3D} 中包括 10 种材料模型：开挖模型 null；3 个弹性模型（各向同性、横观各向同性和正交各向同性弹性模型）；8 个塑性模型（Drucker-Prager 模型、Morh-Coulomb 模型、应变硬化/软化模型、遍布节理模型、双线性应变硬化/软化遍布节理化模型、双屈服模型、霍克-布朗模型和修正的剑桥模型）。

由于研究范围涉及的含矿体（构造）上下岩石性主要为灰泥质白云岩，灰色微晶-粉晶白云岩岗片麻岩等，这些介质属于弹塑性材料，因此本次模拟选用摩尔-库仑破坏准则。其力学模型为：

$$(\sigma_1 - \sigma_3)/2 = (\sigma_1 + \sigma_3) \cdot \sin\varphi/2 + c \cdot \cos\varphi$$

或

$$f_s = \sigma_1 - \sigma_3 \frac{1 + \sin\varphi}{1 - \sin\varphi} - 2c\sqrt{\frac{1 + \sin\varphi}{1 - \sin\varphi}}$$

式中，σ_1 为最大主应力，MPa；σ_3 为最小主应力，MPa；c 为材料内聚力，MPa；φ 为内摩擦角，（°）；f_s 为破坏判断系数。

当 $f_s \geqslant 0$ 时，材料处于塑性流动状态；当 $f_s < 0$ 时，材料处于弹性变形阶段。在拉应力状态下，如果拉应力超过材料的抗拉强度，材料将发生破坏。

5.3 模型的建立

5.3.1 模型计算范围

模拟采场选在矿山 850m 中段,根据岩体力学理论,地下开挖所引起的受扰动的范围为开挖空间的 5 倍左右,超过该范围的岩体所受影响可以忽略不计。按照此原则,本次计算时采用的两个计算域均为:长×宽×高 = 150m×75m×150m,如图 5-1 所示。

5.3.2 模拟参数的选取

采用 FLAC^{3D}建立三维数值模拟模型,模型均采用摩尔-库仑准则;假定岩体均质,连续分布,地层和材料的应力应变均在弹塑性范围内变化;考虑高应力的影响;模型侧面和底面为位移边界,侧面限制水平移动,底部限制垂直位移,上边界为自由面。模型上表面施加均匀的垂直压应力。矿体和围岩均采用 FLAC^{3D} 中的"实体"单元,具体计算参数见表 5-1。

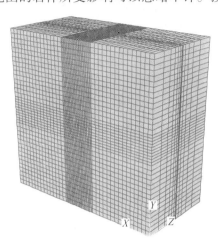

图 5-1 数值计算模型

表 5-1 岩体与充填体计算参数

名称	弹性模量 E/Pa	泊松比 μ	内聚力 c/MPa	摩擦角 F/(°)	密度/kg·m^{-3}
围岩	33.6×10^9	0.26	2.3	52	2700
矿体	33.6×10^9	0.26	2.3	52	2700
胶结充填体	0.57×10^9	0.25	1.07	47.1	2170
尾砂充填体	1.74×10^9	0.25	0.06	36.9	1620
C30 混凝土	30×10^9	0.2	3.18	54.9	2500

5.4 数值模拟计算流程图

使用 FLAC^{3D}数值模型求解不同的工程地质问题,具体步骤主要包括以下 5个方面:

(1) 确定模型尺寸。模型尺寸的确定将直接决定数值模拟的结果是否符合工程实际。模型尺寸过大,占用过多的计算机资源;模型尺寸过小,计算结果则不符合工程实际,难以给出合适的意见指导工程。因此,确定适当的模型尺寸至关重要。

(2) 模型网格的划分。确定数值模型的尺寸后即可进行网格的划分,为减少模拟过程中因网格划分导致的误差,划分的网格长宽比小于 5,对于研究的主要部位应对网格进行加密处理。

（3）模型工程布置。对于需要模拟的部分，进行开挖或支护布置，同时调整网格节点，对模型进行规划。

（4）模型计算的力学参数赋值。力学参数来自现现场实验，根据工程实际确定本构关系，对模型进行力学参数赋值。

（5）确定模型的边界条件。数值模拟模型的边界条件主要为位移边界与应力边界两种，根据圣维南原理，在模拟前确定模型的边界条件。

利用 FLAC^{3D} 程序建立数值模型求解工程地质问题的流程如图5-2所示。

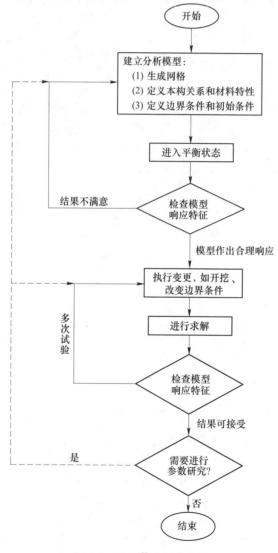

图5-2　FLAC^{3D}求解流程图

5.5 深孔分段空场嗣后充填采矿法

5.5.1 数值模拟开挖步距

为了减少充填体的用量，建议在深孔分段空场嗣后充填法中，分两步进行：首先，将矿块划分为矿房与矿柱，先开采两边矿柱，采完后胶结充填；等胶结体凝固达到设计强度后，再回采矿房，完毕后用全尾砂充填。据此，建立了数值分析的模型，如图 5-3 所示，整个模型由六面体网格单元组成，共 374746 个节点，85050 个单元。

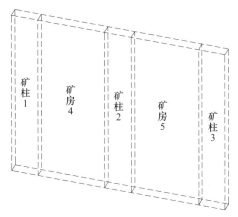

图 5-3 数值模拟采场结构

其开挖步骤见表 5-2。

表 5-2 采场开挖三维模拟施工顺序

施工步骤	说 明	施工步骤	说 明
第一步	初始应力	第八步	开挖矿柱 3
第二步	开挖矿柱 1、2	第九步	充填矿柱 3（胶结）
第三步	充填矿柱 1、2（胶结）	第十步	在矿房 5 进行 5m 拉底
第四步	在矿房 4 进行 5m 拉底	第十一步	充填拉底（混凝土）
第五步	充填拉底（混凝土）	第十二步	开采矿房 5
第六步	开采矿房 4	第十三步	充填矿房 5（尾砂）
第七步	充填矿房 4（尾砂）		

5.5.2 采场结构参数优化方案介绍

根据前面设计的采矿方法，初步拟定矿房沿矿体走向长 10~15m，矿柱长 6~8m，矿房宽 4m，高 25m；然后分别对矿房、矿柱的不同长度组合方案进行采场稳定性分析，从中选取最优方案，具体方案见表5-3。

表 5-3 采场结构参数模拟方案

方案编号	采场结构参数	方案编号	采场结构参数
1	矿房 10m，矿柱 6m	4	矿房 10m，矿柱 8m
2	矿房 12m，矿柱 6m	5	矿房 12m，矿柱 8m
3	矿房 15m，矿柱 6m	6	矿房 15m，矿柱 8m

采矿过程中，模型节点最大不平衡力的演化过程如图5-4所示。

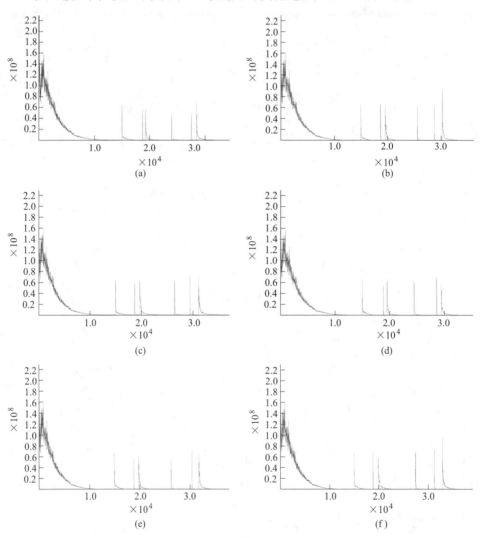

图 5-4 不同方案最大不平衡力

（a）方案1；（b）方案2；（c）方案3；（d）方案4；（e）方案5；（f）方案6

5.5.3　施工后围岩位移分布

（1）围岩水平位移分布。图 5-5 所示为 6 种不同的采场结构参数下 850m 中段围岩的水平位移分布图。从图中可以看出，不同采场结构参数下围岩的水平位移都较小。其中，方案 3 和方案 6 相对较大，最大位移接近 8mm；方案 1 和方案 4 相对较小，最大位移只有 4mm。由于没有水平构造应力存在，且岩体的泊松比较小，因此各方案在水平位移上差别不大。

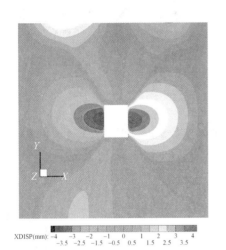

(a)

(b)

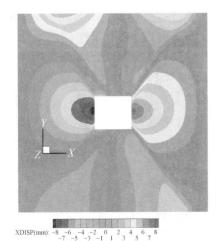

(c)

(d)

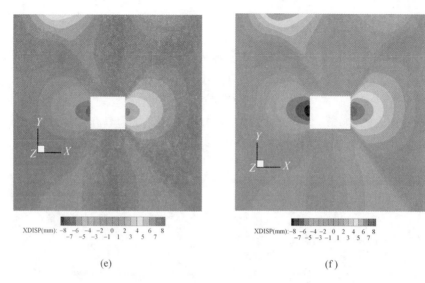

(e)   (f)

图 5-5   开挖后采场水平位移分布

(a) 方案 1；(b) 方案 2；(c) 方案 3；(d) 方案 4；(e) 方案 5；(f) 方案 6

（2）垂直位移分布。图 5-6 所示为 6 种不同的采场结构参数下 850m 中段围岩的垂直位移分布图。从图中可以看出，不同采场结构参数下围岩的垂直位移比水平位移大很多。其中，方案 3 和方案 6 相对较大，最大位移接近 40mm；方案 1 最小，最大位移只有 28mm。从变化的趋势上看，当矿柱参数保持不变，矿房长度逐渐增大时，垂直位移的大小逐渐增大；反之亦然。同时，从位移的云分布图中可以看出，顶底板位移的分布区域也随着矿房、矿柱长度的增大而增大，其积累的应变能也随之增大。

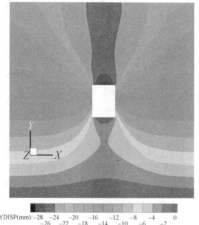

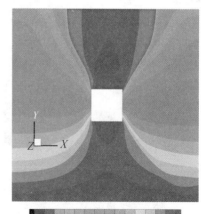

(a)   (b)

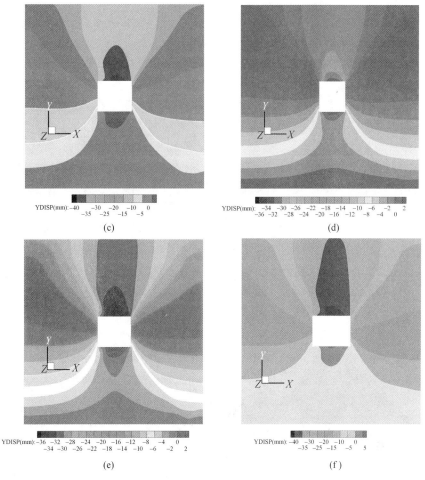

图 5-6 开挖后采场垂直位移分布
（a）方案 1；（b）方案 2；（c）方案 3；（d）方案 4；（e）方案 5；（f）方案 6

（3）总位移分布。图 5-7 所示为 6 种不同的采场结构参数下 850m 中段围岩的总位移分布图。由于围岩垂直方向的位移变化较大，因此总位移的分布情况与垂直位移相近。

综上所述，在整个施工过程中，围岩的水平变形量很小，不会发生片帮；而采场顶底板的位移量较大，可能会发生冒顶事故。因此，垂直位移的大小对采场结果参数优化的影响较大。

5.5.4 施工后围岩应力分布

图 5-8～图 5-13 所示为 6 种不同的采场结构参数下，在 850m 中段采场施工后的最小最大应力分布图（其中-表示压应力，+表示拉应力）。

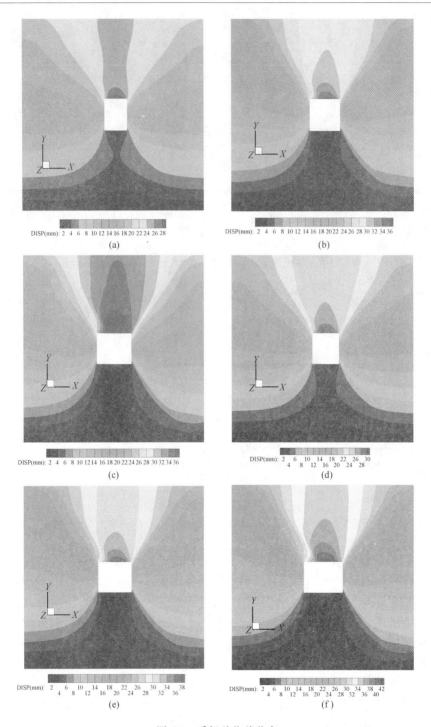

图 5-7   采场总位移分布

(a) 方案 1；(b) 方案 2；(c) 方案 3；(d) 方案 4；(e) 方案 5；(f) 方案 6

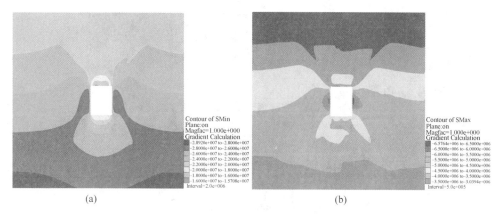

图 5-8　方案 1 应力分布图

（a）第一主应力云图；（b）第三主应力云图

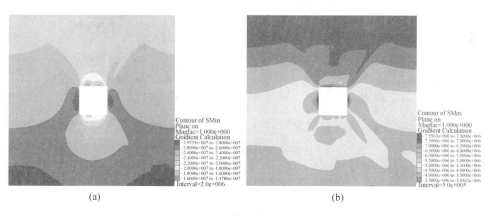

图 5-9　方案 2 应力分布图

（a）第一主应力云图；（b）第三主应力云图

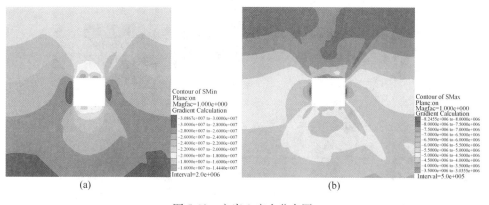

图 5-10　方案 3 应力分布图

（a）第一主应力云图；（b）第三主应力云图

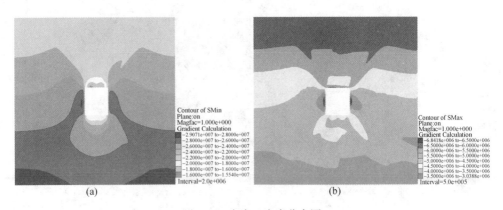

图 5-11　方案 4 应力分布图

(a) 第一主应力云图；(b) 第三主应力云图

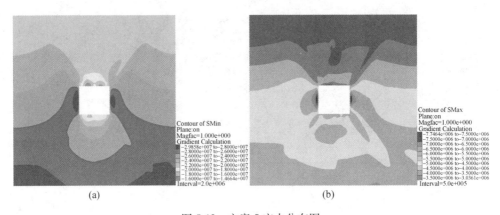

图 5-12　方案 5 应力分布图

(a) 第一主应力云图；(b) 第三主应力云图

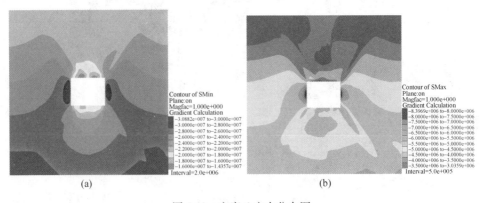

图 5-13　方案 6 应力分布图

(a) 第一主应力云图；(b) 第三主应力云图

从 6 种方案的应力分布图可以看出，施工后第一主应力（水平应力）的最大值均出现在采场上下盘的中间位置，而第三主应力（垂直应力）的最大值均出现在采场顶底板的中间位置，都为压应力。随着矿房矿柱参数的增大，第三主应力的大小逐渐增大，其中方案 6 的主应力最大，达 8.3MPa，其次为方案 3；方案 2 与方案 5 的分布基本相同，均为 7.7MPa；方案 1 最小，为 6.6MPa；而各方案最大第一主应力的大小基本持平，其分布也相同。综上所述，矿房矿柱跨度的变化对第一主应力的大小影响不大，第三主应力随着矿房跨度的增大而增大。

5.5.5 施工后围岩塑性区分布

从塑性区的分布（图 5-14）上看，除去模型边界上的塑性变形，方案 2 和方案 5 采场围岩的塑性区范围最大，其次为方案 4、方案 1、方案 3，方案 6 最小。从破坏的形式看，均属于剪切破坏，无拉应力破坏区域。

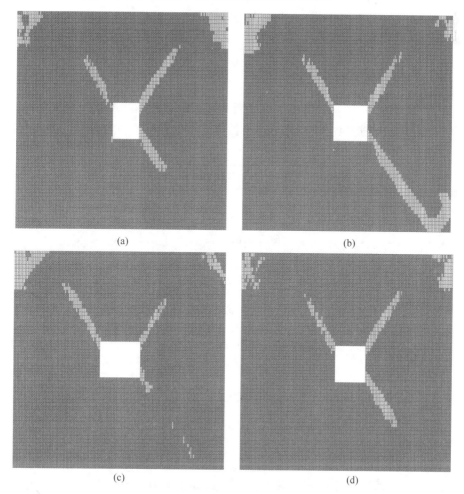

(a)

(b)

(c)

(d)

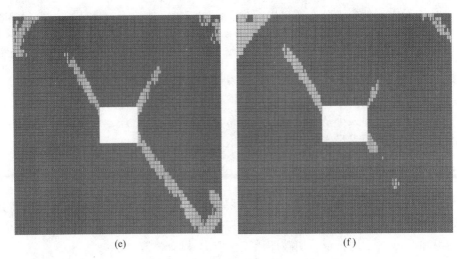

图 5-14 塑性区分布

(a) 方案 1；(b) 方案 2；(c) 方案 3；(d) 方案 4；(e) 方案 5；(f) 方案 6

5.5.6 采场结构参数优化方案对比

对矿山 850m 中段深孔分段空场嗣后充填法的采场结构参数优化共提出了 6 种不同的方案，通过数值模拟分析了不同方案下的位移与应力分布，表 5-4 为 6 种方案的结果对比。

表 5-4 采场结构参数优化方案模拟结果对比

方案名称	整体位移 /mm	竖直位移 /mm	水平位移 /mm	第一主应力 /MPa	第三主应力 /MPa
1	30.1	-30.1	4.2	-16~-15.7	-6.6~-6.5
2	37.3	-37.3	6	-16~-14.9	-7.7~-7.5
3	42.8	-42.8	7.3	-16~-14.4	-8.2~-8.0
4	31.7	-31.7	4.6	-16~-15.5	-6.8~-6.5
5	38.6	-38.6	6.4	-16~-14.6	-7.7~-7.5
6	44	-44	7.6	-16~-14.4	-8.3~-8.0

根据模拟结果，可以得出位移、应力和矿房矿柱长度的变化关系，如图 5-15 和图 5-16 所示。

从以上结果可以看出：方案 1（6m×10m）的垂直和水平位移最小，方案 6（8m×15m）的垂直和水平位移最大。结合最大主应力、第三主应力的分布和塑

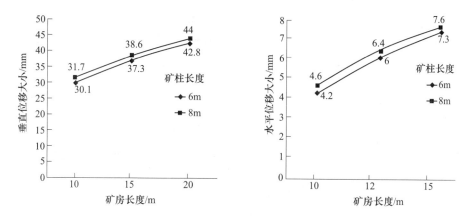

图 5-15 位移最大值与矿房矿柱参数之间的关系

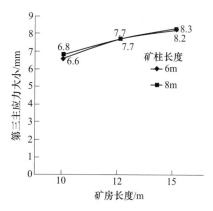

图 5-16 第三主应力最大值与
矿房矿柱参数之间的关系

性区的大小,并从采场安全和采矿效率的角度考虑,在拟定的方案中,选取方案 4 作为优选方案,即矿房长 10m,矿柱长 8m。

5.6 浅孔水平分层上向连续充填采矿法

5.6.1 数值模拟开挖步距

浅孔上向水平分层法具体的采矿方法见图 3-3。本节建立计算模型沿 X 轴走向长 150m,沿 Z 轴宽为 75m,沿 Y 轴垂直高度为 150m。矿房模型见图 5-17。矿房沿矿体走向长 15~35m,宽 4m,高 25m。整个模型由六面体网格单元组成,共 374746 个节点,85050 个单元。

其开挖步骤见表 5-5。

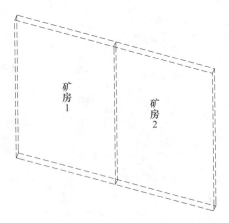

图 5-17 数值模拟模型结构图

表 5-5 采场开挖三维模拟施工顺序

施工步骤	说 明
第一步	初始应力
第二步	开采矿房 1
第三步	充填矿房 1（胶结）
第四步	开采矿房 2
第五步	充填矿房 2（胶结）

开采矿房 1 时，按照 2m 的分层高度，从底部的拉底开始，采一层充一层，直到矿房开采结束；紧接着开采相邻矿房 2，按照同样的开采方法进行。采矿过程中，模型节点最大不平衡力的演化过程如图 5-18 所示。

5.6.2 采场结构参数优化方案介绍

模拟主要采用方案比较法，对矿房的长度参数进行优化。首先，根据采矿方法设计，初步拟定矿房沿矿体走向长 10~30m，矿房宽 4m，高 25m；然后，分别对不同长度方案进行采场稳定性分析，从中选取最优方案，具体方案见表 5-6。

表 5-6 采场结构参数模拟方案

方案编号	采场结构参数
1	矿房长 15m
2	矿房长 20m
3	矿房长 25m
4	矿房长 30m
5	矿房长 35m

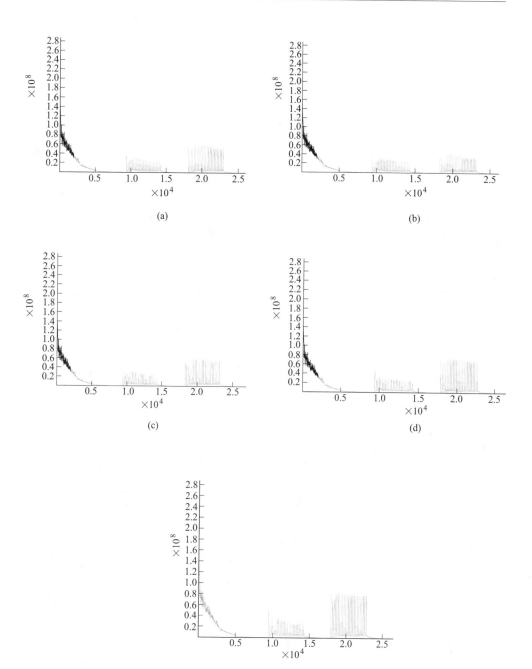

图 5-18　最大不平衡力

（a）方案 1；（b）方案 2；（c）方案 3；（d）方案 4；（e）方案 5

5.6.3　施工后围岩位移分布

（1）围岩水平位移分布。图 5-19 所示为 5 种不同采场结构参数下，0m 中段采场施工后围岩的水平位移分布图。从图中可以看出，不同采场结构参数下围岩的水平位移都较小，其中方案 5 较大，最大位移也只有 2.7mm，方案 1 较小，只有 2.3mm。这是由于没有水平构造应力的存在，且岩体的泊松比较小，因此各方案在水平位移上差别不大。

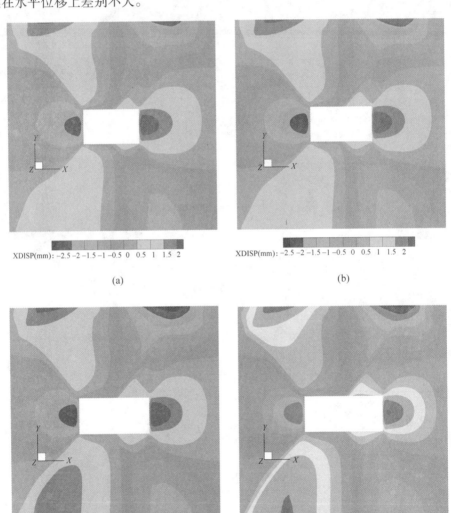

（a）

（b）

（c）

（d）

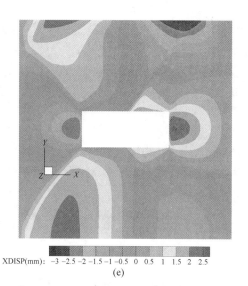

XDISP(mm): -3 -2.5 -2 -1.5 -1 -0.5 0 0.5 1 1.5 2 2.5

(e)

图 5-19　开挖后采场水平位移分布

（a）方案1；（b）方案2；（c）方案3；（d）方案4；（e）方案5

（2）垂直位移分布。图 5-20 所示为 5 种不同采场结构参数下，0m 中段采场施工后围岩的垂直位移分布图。从图中可以看出，不同采场结构参数下围岩的垂直位移比水平位移大，其中方案 6 最大，最大位移达 31.4mm，方案 1 最小，最大位移只有 28.4mm。从变化的趋势上看，随着采场长度逐渐增大，垂直位移的大小逐渐增大。与浅孔房柱嗣后充填法相比，在相同跨度下，上向分层胶结充填的围岩变形较小，体现了采一层充一层这种采矿方式在地压管理中的优势。

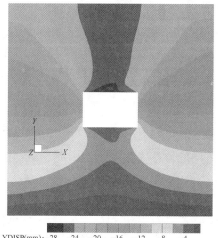

YDISP(mm): -28 -26 -24 -22 -20 -18 -16 -14 -12 -10 -8 -6 -4 -2

(a)

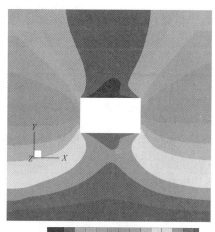

YDISP(mm): -28 -26 -24 -22 -20 -18 -16 -14 -12 -10 -8 -6 -4 -2

(b)

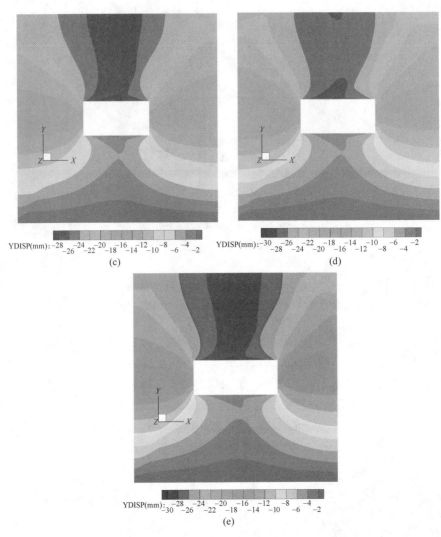

图 5-20 开挖后采场垂直位移分布

（a）方案 1；（b）方案 2；（c）方案 3；（d）方案 4；（e）方案 5

（3）总位移分布。图 5-21 所示为 5 种不同采场结构参数下，0m 中段采场施工后围岩的总位移分布图。由于围岩垂直方向的位移变化较大，因此总位移的分布情况与垂直位移相近。

从围岩的位移分布图可以看出，施工后，围岩的总位移最大值随着矿房长度的增大而增大。当矿房长 60m 时，总位移最大，为 100mm；当矿房长 40m 时，总位移最小，为 60mm。垂直位移的大小与总位移接近，水平位移与垂直位移相比较小，各方案中水平位移最大为 18mm，最小为 11mm。由此说明，在整个施

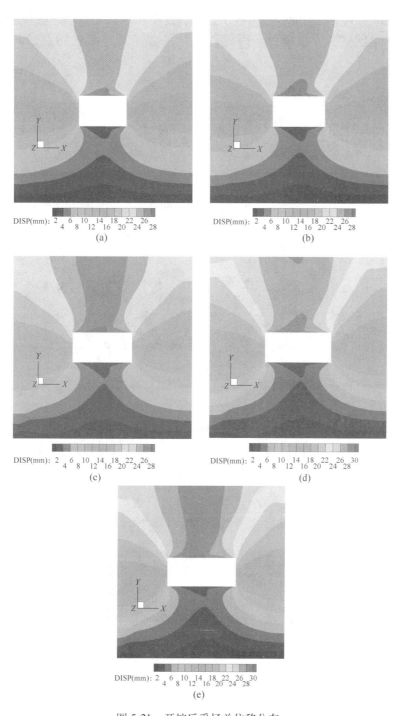

图 5-21 开挖后采场总位移分布
（a）方案 1；（b）方案 2；（c）方案 3；（d）方案 4；（e）方案 5

工过程中，上下盘围岩的变形量很小，不会发生片帮；而采场顶底板的位移量较大，可能会发生冒顶事故。因此，在方案选择时尽量选用总位移较小的参数。

5.6.4 开挖后围岩应力分布

图 5-22~图 5-26 所示为 5 种不同采场结构参数下，0m 中段采场施工后围岩的应力分布图。

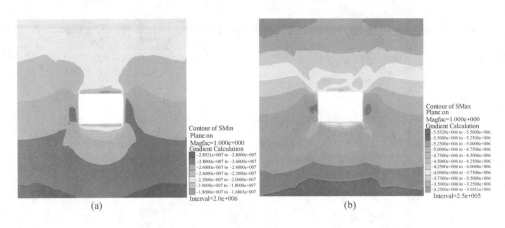

图 5-22 方案 1 应力分布图

（a）第一主应力云图；（b）第三主应力云图

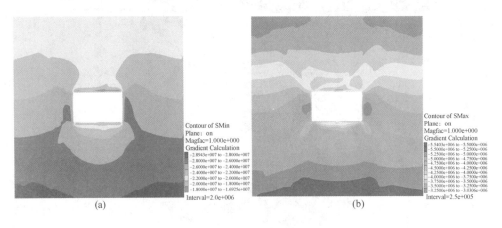

图 5-23 方案 2 应力分布图

（a）第一主应力云图；（b）第三主应力云图

从 6 种方案的应力分布图可以看出，施工后第一主应力（水平应力）的最大值均出现在采场上下盘的中间位置，而第三主应力（垂直应力）的最大值均出

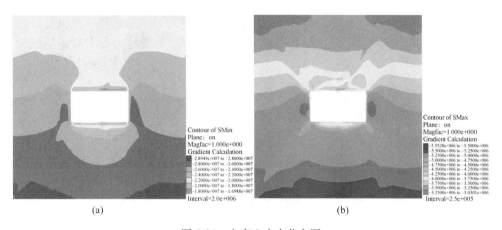

图 5-24 方案 3 应力分布图
（a）第一主应力云图；（b）第三主应力云图

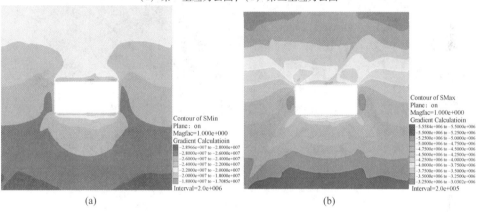

图 5-25 方案 4 应力分布图
（a）第一主应力云图；（b）第三主应力云图

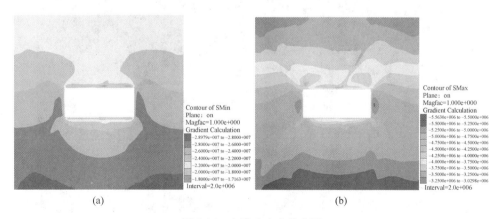

图 5-26 方案 5 应力分布图
（a）第一主应力云图；（b）第三主应力云图

现在采场顶底板的中间位置，都为压应力。随着矿房矿柱参数的增大，没有发现主应力有明显的波动情况，也没有出现应力集中区域，因此应力分布对采场结构优化的影响较小。

5.6.5 施工后围岩塑性区分布

从塑性区的分布（图5-27）上看，除去模型边界上的塑性变形区，方案2的采场围岩塑性区范围最大，其次为方案3、方案4、方案1，方案5最小，方案之间的差别也不大。从破坏的形式看，塑性区均属于剪切破坏，无拉应力破坏。

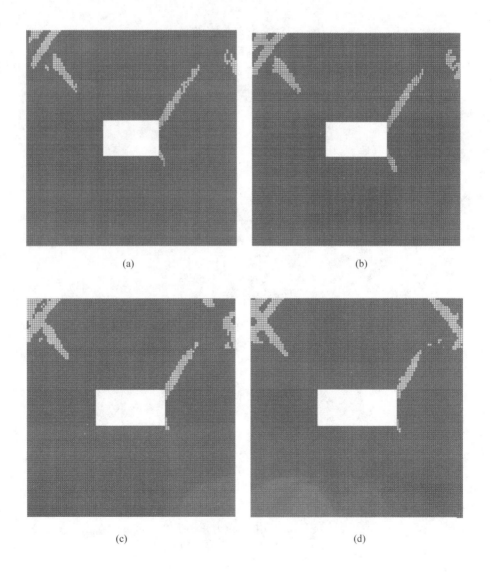

(a)

(b)

(c)

(d)

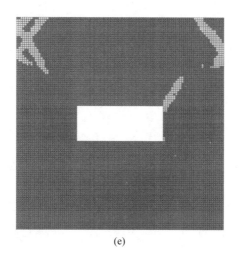

(e)

图 5-27 塑性区分布

(a) 方案 1；(b) 方案 2；(c) 方案 3；(d) 方案 4；(e) 方案 5

5.6.6 采场结构参数优化方案对比

对矿山 0m 中段上向分层充填法的采场结构参数优化，共提出了 5 种不同的方案，通过数值模拟分析了不同方案下的位移与应力分布，表 5-7 为 5 种方案的结果对比。

表 5-7 采场结构参数优化方案模拟结果对比

方案名称	整体位移 /mm	竖直位移 /mm	水平位移 /mm	第一主应力 /MPa	第三主应力 /MPa
1	28.4	−28.4	2.3	−18~−16.9	−5.5~−5.3
2	29.1	−29.1	2.4	−18~−16.9	−5.5~−5.3
3	30	−30	2.5	−18~−17.0	−5.5~−5.3
4	30.7	−30.7	2.6	−18~−17.1	−5.5~−5.3
5	31.4	−31.4	2.7	−18~−17.1	−5.5~−5.3

根据模拟结果，得出了位移与采场长度的变化关系，如图 5-28 所示。

从以上结果可以看出：由于充填体的存在，采场围岩的变形较空场法时有明显改善，但随着采场长度的增大变化较缓慢。根据数值模拟的各方案位移、应力与塑性区分布，从回采顶板安全性角度出发，结合不同采场结构参数下的采矿效率，最终确定方案 1 为最佳，即推荐上向分层胶结充填的采场长度取 15m。

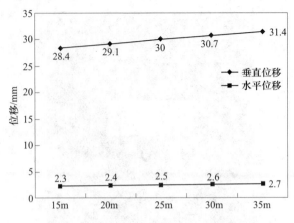

图 5-28   位移最大值与采场参数之间的关系

5.7   本章小结

本章在 FLAC^{3D} 软件中，分别对浅孔房柱嗣后充填采矿法和上向水平分层胶结充填采矿法进行了数值模拟，得出了不同采场参数条件下施工后围岩的位移与应力分布情况。最后从安全性的角度出发，选择利用浅孔房柱嗣后充填采矿法开采时，推荐矿房长度为 10m，矿柱长度为 8m；利用上向水平分层胶结充填采矿法开采时，推荐矿房长度为 15m。

6 集群回采顺序优化数值模拟

<<<<<<<<<<<<<<<<<<<<<<<<<<<<<<<<<<<<<<<<<<<<<<<<<<<<<<<<<<<<<<<<<<<<<<<

贵金属矿床由于其独特的地质条件而形成条带薄矿脉群,对于该类矿床的开采,传统的薄矿脉采矿方法具有一定的局限性。参考协同开采理论,针对薄矿脉群的赋存特点,可提出适合该类矿脉的回采顺序[65,66],并可对地压规律控制技术、薄矿脉群的同时回采、大规模充填采场稳定性、开采顺序对采场稳定性及地表沉降影响[67~70]进行数值模拟。这些研究为薄矿脉回采顺序提供了借鉴,但对于薄矿脉群同时回采,目前还鲜有合适的回采顺序。由于开采过程中采场数目较多,薄矿脉群回采过程中开采顺序、采场协调、地压控制显得尤为重要。因此,根据集群开采理论中开采方案创新优化理念,提出超前阶梯接续式回采顺序。通过 FLAC^{3D} 数值模拟与工业试验,可确定该集群回采顺序能较好地适应薄矿脉的回采,可安全、连续、高效回采急倾斜薄矿脉群。

6.1 集群回采顺序提出的依据

集群回采顺序的提出主要是根据近距离矿体开采安全错距,提出多矿脉集群开采时采场超前的问题,即近距离金属矿群开采过程应注意交替开采的合理错距。多阶段同时回采时,下阶段应超前上阶段足够的安全距离。集群回采过程中,一个中段即一个回采系统,对该系统内的采场按照"一定顺序"回采。多矿脉间集群采矿最突出的特点是形成的采场较多,为避免多采场同时推进时地压过大,根据回采先后顺序对采场进行交错布置,即相邻矿脉间隔一个采场,并以此类推至每一条矿脉,充分利用围岩稳定性,既要保证回采安全,还应确保集群回采连续进行,缓解开采过程中的地压显现。多矿脉群回采顺序示意图如图 6-1 所示。

6.2 集群回采顺序说明

由于集群开采过程中多矿脉同时回采,大量暴露的顶板可能导致安全事故发生,因此采用超前阶梯接续式回采顺序,缓解开采过程中的地压显现。首先,从下分段上盘向下盘回采,待下分段采场超前一定距离后再进行上分段采场回采;相邻的两条矿脉回采过程间隔一个采场,防止多矿脉采场同时向前推进时地压过

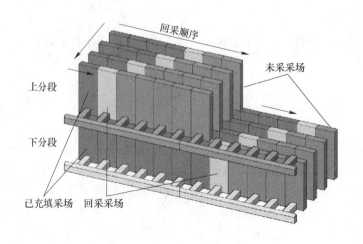

图 6-1 多矿脉群回采顺序示意图

大。以某金矿 850m 中段六条矿脉（M_5、M_6、M_7、M_8、M_9、M_{10}）为例，研究回采顺序优化问题，采场编码如图 6-2 所示。

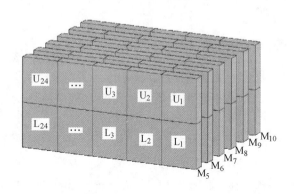

图 6-2 回采采场编码图

具体回采顺序为：首先，回采 M_5 矿体下分段 L_1 采场，待 M_5 矿体回采至第 L_3 采场时开始 M_6 矿体下分段的 L_1 采场，M_6 矿体回采至 L_3 采场时进行 M_7 矿体回采，依次类推回采到 M_{10} 矿体；当 M_5 矿体下分段回采至 L_7 采场时即可开始回采上分段 U_1 采场，下分段超前上分段 6 个采场，同理 $M_6 \sim M_{10}$ 的下分段同样超前各矿脉上分段 6 个采场，这样使下分段与上分段以及各个相邻矿脉间采场交错布置，合理错距，保证了回采过程的安全进行。回采顺序流程如图 6-3 所示，（图中 M_i，L_j，U_k 为采场编号）。

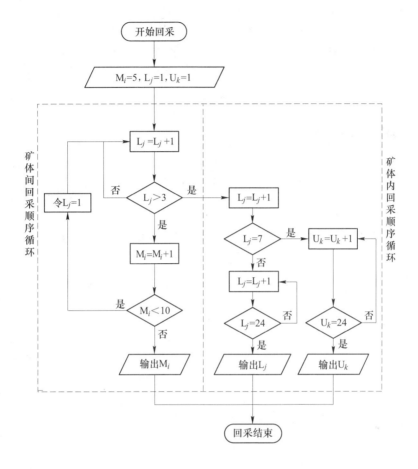

图 6-3　回采顺序流程图

6.3　集群回采模型

6.3.1　基本假设

数值模拟可对不同岩体工程的开挖过程和结果进行定性评价。为使模拟结果符合工程实际，需要对用于模拟的模型进行基本假设。首先，岩体具有弹性、塑性、黏性、各向异性等基本力学特性，根据模型的本构关系，可将岩体分为弹性体，线弹性体及黏弹性体等。其次，岩体在空间上分布既具有一定的规律性，又具有一定的随机性，最后，由于各向异性，岩体表现出复杂的特性。

目前，用于数值模拟的模型很难完全模拟工程地质的实际情况，这些模型仅能考虑对采场或空区总体稳定性起决定作用的大型结构面，而小型结构面如节理、裂隙等仅能在岩体的力学参数中给予适当考虑。此外，矿山的开拓巷道虽然对上下盘围岩及矿区的力学状态有一定影响，但它们的影响仅是局部的；又由于开拓巷道在开挖后均进行喷锚等支护，因此该影响在数值模拟中可以忽略不计。

6.3.2 数值模拟参数选取

数值模拟中，岩石力学参数的选取与5.3节相同，在对模型岩性赋值时，主要考虑与矿山上下盘矿体围岩相关的两种岩体，晶屑凝灰岩（矿体），蚀变凝灰岩（围岩），充填体。由于岩体力学参数是在实验室理想状态下所得，未考虑到现场岩体节理、裂隙、非均匀性、地下水等影响，所以结合矿山地质报告以及针对该矿山的一些地质研究工作，采用系数折减法确定岩体工程力学参数。岩体力学参数见表6-1。

表6-1 岩石力学参数

岩体名称	密度 /g·cm⁻³	弹性模量 /GPa	泊松比	抗拉强度 /MPa	抗拉强度 /MPa	黏聚力 /MPa	内摩擦角 /(°)
凝灰岩（围岩）	2.70	23.3	0.26	13.6	1.38	2.30	52
蚀变凝灰岩（矿体）	2.70	3.41	0.26	13.6	1.38	2.30	52
充填体	1.8	0.4	0.28	5	0.2	0.3	25

6.3.3 模型建立

已有研究表明，采场开采的影响范围通常为采空区尺寸的2~3倍，在该范围外位移形变相对较小；对需要重点分析的矿体开挖部位及其周围围岩，单元应划分密集，较远的部位单元可划分得相对较大。根据提出的回采顺序在ANSYS中建立实体模型。模型地表为自由边界，其余五面采用位移法向约束，在重力应力场下实施开挖，遵循小变形假设。回采矿脉群范围长度240m，高50m，平均宽度45m，模型范围取 X 方向0~240m，Y 方向0~300m，Z 方向0到地表。如图6-4所示。

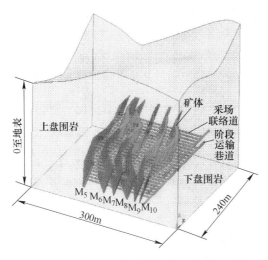

图 6-4 集群回采矿体与采矿巷道模型图

6.4 集群回采数值模拟

6.4.1 初始状态下的模型数值模拟

根据建立的模型,在未开采状态下,应进行初始平衡计算,用于验证数值模拟的模型是否符合实际工程地质体情况。数值模拟前,需要先模拟类似真实工程地质体的沉降过程,以保证后续模拟开挖过程分析结果的准确性与可靠性。初始平衡过程通过建立模型施加重力应力场、确定岩体参数、定义本构关系以及边界条件,使模型在重力作用下产生变形和位移。通过对初始状态下 Z 方向位移的分析,可以得到地下工程未开挖时岩土体的初始应力场,原岩应力场分布如图6-5所示。

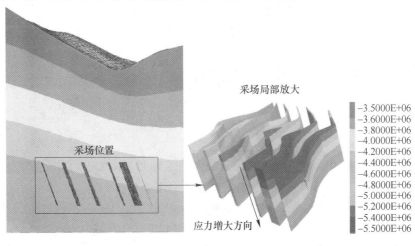

图 6-5 原岩应力场分布

由图 6-5 可以得出，在初始状态下，采场的原岩应力分布沿竖直方向逐渐递增，由于采场上部山体存在高程落差，导致采场原岩应力同样不均匀分布，位于 M_5 矿体上中段顶板的原岩应力最小，为 3.5MPa，位于 M_{10} 矿体下盘底板的原岩应力最大，为 5.5MPa；模型地层的应力分布随埋深的增加而逐渐增大，初始状态下模型的原岩应力情况符合常理。

6.4.2　采场集群开采数值模拟

对本章提出的回采顺序进行数值模拟，得到回采过程的位移、最大主应力与塑性区分布图，由于回采过程的步骤较多，现主要对集群回采采场数目最多时的数值模拟结果进行分析。

当 $M_5 \sim M_{10}$ 同时回采时，最大位移为 15.2mm，位于 M_7 矿体下分段采场充填体一侧，上盘矿脉下分段充填体位移大于下盘矿脉，且最大位移出现在中央矿脉上分段的充填体一侧；最大主应力为 0.12MPa，出现于各条矿脉的充填体一侧；塑性区拉应力主要出现在各个矿脉的充填体中央位置，位移、最大主应力与塑性区分布云图如图 6-6~图 6-8 所示。随着 $M_5 \sim M_{10}$ 矿脉采场开采推进，充填体一侧的位移，应力较未开采一侧矿体扰动程度大，充填体一侧塑性区范围随开采进行逐渐增多，数值模拟整体结果较好。

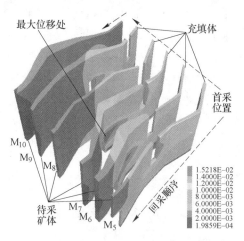

图 6-6　回采中段位移分布云图

根据以上分析可得：该回采顺序下最大位移为 15.2mm，顶柱厚度 120m，顶柱的相对变形率（δ = 顶板变形最大位移/顶柱厚度）为：

$$\delta = 15.2 / (120 \times 1000) \approx 0.0126\% < 0.1\%$$

该值小于极限值 0.1%，最大主应力为 0.12MPa。该中段回采过程中，采场最多暴露面积最大时的岩体位移、应力和塑性区均能符合安全规程的要求。因

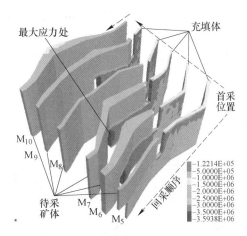

图 6-7 回采中段应力分布云图

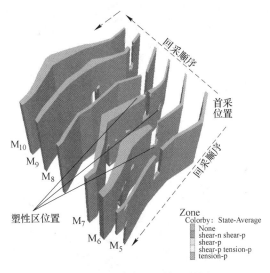

图 6-8 回采中段塑性区云图

此，在回采过程中应注意应力较大处的底板、充填体一侧的应力监测，回采过程中可能出现的塑性破坏的充填体变形监测，以及中间几条矿脉充填体的位移监测，及时预测可能出现的岩体贯通破坏，为后续的开采提供保障。

6.4.3 完全回采数值模拟

对该中段完全回采后进行充填数值模拟，得到回采结束后的位移、应力与塑性区分布。完全回采后的最大位移为 24.1mm，位于 M_9 矿体的充填体中央上盘位置，M_6、M_7、M_9、M_{10} 厚度 7m 以上部位的矿体位移较大；最大主应力为

0.38MPa，位于各条矿脉的充填体一侧；仅有局部拉应力出现在各个矿脉的充填体顶板位置。随着回采结束，回采过程塑性区主要位于 M_8 矿体位置，M_9、M_{10} 矿体仅首采位置有小范围回采过程塑性区。完全回采位移、最大主应力与塑性区分布云图见图 6-9~图 6-11。

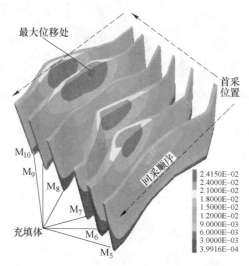

图 6-9　中段回采结束位移分布云图

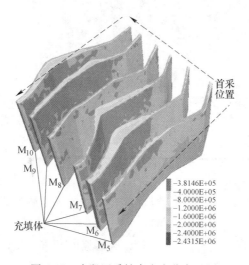

图 6-10　中段回采结束应力分布云图

由图 6-9~图 6-11 可知，该中段完全回采并充填后最大位移为 24.1mm，顶柱相对变形率 δ 为：

$$\delta = 24.1 / (120 \times 1000) \approx 0.0201\% < 0.1\%$$

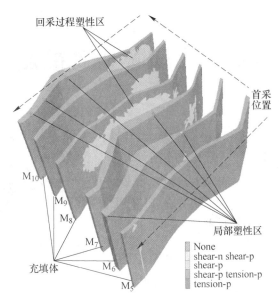

图 6-11　中段回采结束塑性区分布云图

该值小于极限值 0.1%，最大主应力为 0.38MPa。该中段回采结束后应力和塑性区均能符合采矿安全规程要求，保证下中段的安全回采进行。为防止后续回采过程中充填体可能出现的破坏，应对数值模拟结果中位移、应力最大处及塑性区出现位置进行重点监测，防止充填体或岩体可能出现的挤压贯通破坏，保证后续的安全开采。

6.6　本章小结

集群开采理念即矿脉开采过程中资源开采与灾害处理方式及其他技术行为需合作、协调与同步。基于该理念，提出超前阶梯接续式回采顺序，旨在满足薄矿脉群安全、连续、高效回采。

针对提出的超前阶梯接续式回采顺序，采用 ANSYS 建模、FLAC[3D] 模拟。数值模拟结果表明，当开采采场数目最多时，采场最大位移 15.2mm，出现在采场底板与充填体一侧；最大压应力 0.12MPa，出现在靠近中间矿脉的上分段中央位置；塑性区的范围为 2~5m；随着开采推进，充填体一侧的应力与位移较原岩处大，开采过程中应注意充填体一侧的应力位移监控。

7 采场围岩破坏机制数值模拟

<<<<<<<<<<<<<<<<<<<<<<<<<<<<<<<<<<<<<<<<<<<<<<<<<<<<<<<<<<<<<<<

矿体回采会导致围岩发生变形与破坏，不同开采顺序（如上向式与下向式）对岩体的扰动影响也不相同。本章以集群采矿时的空场法为例，采用非连续-连续介质耦合数值模拟方法，研究不同开采顺序下周围岩体的破坏模式与破坏机理，从而确定最佳的开采方式。

7.1 非连续-连续介质耦合数值模拟方法

7.1.1 节理岩体断裂力学

岩体断裂力学由 Griffith 开创，是工程地质学和断裂力学相互交叉的产物。该理论认为，岩体的变形和破坏是内部裂隙的起裂、扩展和贯通过程的宏观体现，内部微裂隙产生的同时会吸收能量，这部分能量来源于材料内部应力做功和应变能的释放。岩体断裂力学在理论层面上彻底摆脱了寻找岩体本构模型的局限，体现出了裂隙岩体非连续的特征[71]。

然而，岩体断裂力学也有它的局限性，因为岩体内部结构面的分布十分复杂，尺寸从最小的微裂纹到微裂面大小不一，在岩体模型中包含所有的裂隙是不可能实现的；岩体表面出露的裂隙数量只占岩体所有裂隙数量的很小一部分，目前还没有一种可靠的监测或模拟方法可以较为合理地表达岩体内部结构面的分布状况。但是，本着"忽略次要矛盾，抓住主要矛盾"的原则，该领域还是涌现出了大量有意义的研究成果[72]。

7.1.2 非连续介质数值模型模拟

7.1.2.1 离散单元法

离散单元法（discrete element method）是针对节理岩体应力分析及其大位移模拟的一种不连续介质数值分析方法，于 20 世纪 70 年代初由 Cundall 等人提出并兴起。离散元法也像有限元法那样，将区域划分为单元，但是，单元因受节理等不连续面的控制，在以后的运动过程中，单元节点可以分离，即一个单元与其临近单元可以接触，也可以分开。单元之间相互作用的力可以根据力和位移的关系求出，而个别单元的运动则完全根据该单元所受的不平衡力和不平衡力矩的大小按牛顿运动定律确定[73~75]。

离散单元法满足的基本方程有：

（1）物理方程——力和位移的关系，即块体之间的剪切力增量 ΔF_s 与两块体之间的相对位移 ΔU_s 满足：

$$\Delta F_s = K_s \Delta U_s \tag{7-1}$$

式中，K_s 为节理的剪切刚度系数。

（2）运功方程——牛顿运动定律，即作用在块体上的一组力，在块体形心上应满足：

$$\begin{cases} F = \sum F_i \\ M = \sum e_{ij} x_j F_j \\ \ddot{u}_i = \dfrac{F_i}{m} \\ \ddot{\theta} = \dfrac{M}{I} \end{cases} \tag{7-2}$$

式中，m 为岩块质量，其重心坐标为 (x, y)；I 为岩块绕其重心的转动惯量；M 为岩块的力矩。

离散元方法对岩体的大变形模拟更加贴合岩体实际运动方式，使得岩体在变形破坏过程中的块体机械运动能够更好地实现。目前，已在工程领域推广应用的离散元通用程序有 DDA、UDEC、3DEC、PFC2D/3D 等。

PFC2D/3D 中的基本离散单元为颗粒物质（2D 圆/3D 球），用来直接模拟颗粒物质的运动特征，它遵循离散元法按照时步的显示求解方法，物体的运动和受力遵循牛顿第二定律，按照力与位移关系来计算颗粒与边界或颗粒之间的接触运动。该程序目前已被广泛应用于模拟颗粒间的相互作用问题、大变形问题、断裂问题等，如矿山崩落法中的岩体断裂、坍塌、破碎和矿石的流动问题。

7.1.2.2 耦合数值模拟

耦合，即两个或两个以上与输出有关的输入之间存在紧密配合和相互作用。为克服有限元、边界元、离散元等各种数值分析方法的缺陷，并且集中发挥各种方法的优势，将两种或两种以上的方法结合起来进行耦合数值计算就成为一种有效的研究手段。目前常用的耦合方法有 FEM 和 BEM 的耦合、FEM 和 DEM 的耦合、FDM 和 DEM 的耦合等。

有限差分法（FDM）和离散单元法（DEM）的耦合，可利用离散元法的优点，将开挖体附近的破碎岩体划分为离散单元，充分考虑开挖体周围岩体的不连续变形、大位移或垮塌，而较远处完整程度较好的岩体可以视为连续介质，用有限差分法进行模拟，以利用其在整体连续变形、动力边界条件设置和计算速度上的优势。

考虑到具体的数值模拟程序，可以应用 FLAC 与 PFC^{2D} 的结合。因为 PFC^{2D} 和 FLAC 软件都为 Itasca 公司开发，均提供了 Socket I/O 接口，通过该接口可以实现 PFC^{2D} 与 FLAC 之间的数据交换。FLAC-PFC 耦合可通过编写 FISH 程序来实现，过程为在每个计算时步前在 PFC 中将连续-非连续介质交界面上的节点和颗粒信息汇总，按照接触作用关系计算交界处的接触力，通过 Socket I/O 接口将接触力转化成节点荷载传到 FLAC 中，然后 PFC 和 FLAC 同时转到下个计算时步。周健等[76]曾提出了离散-连续耦合计算流程框架，如图 7-1 所示，交界面处离散元颗粒所受到的荷载包括与周围颗粒接触的接触合力、外荷载和与交界面处的连续单元发生接触所产生的接触力；交界面处连续单元的节点荷载包括单元变形产生的内力、外荷载和与交界处的离散颗粒发生接触所产生的接触力。

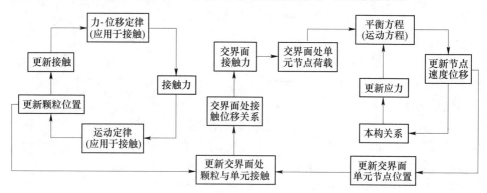

图 7-1 离散-连续耦合计算流程框架图

7.2 PFC^{2D}离散介质模型

7.2.1 PFC^{2D}基本原理

PFC 全称为 Particle Follow Code（颗粒流程序），是离散元的一种，通过圆形颗粒介质的运动及其相互作用来模拟颗粒材料的力学特性。在这种颗粒单元研究的基础上，通过一种非连续的数值方法来解决包含复杂变形模式的实际问题。在具有颗粒结构特性岩土介质中的应用，就是从其细观力学特征出发，将材料的力学响应问题从物理域映射到数学域内进行数值求解。与此相应，物理域内实物颗粒被抽象为数学域内的颗粒单元，并通过颗粒单元来构建和设计任意几何形状的试样，颗粒间的相互作用通过接触本构关系来实现，数值边界条件的确定和试样的若干应力平衡状态通过迭代分析进行，直到使数值试样的宏观力学特性逼近材料的真实力学行为或者工程特性[77,78]。

PFC 的基本思想是采用最基本的介质单元（粒子）和最基本的力学关系

（牛顿第二定律）来描述介质之间复杂的力学行为，是一种基于本质性质和根本属性的描述。该数值计算理论在应用环节的思路和方法，因为其基本思想的不同，很大程度上不同于其他连续和非连续力学理论方法。这些差别主要体现在如下几个方面[79~82]：

（1）模型介质的宏观基本物理力学特征不可能通过直接赋值的形式实现；

（2）介质的初始条件如地应力场条件会影响介质的结构特征；

（3）介质的力学特性取决于介质内部粒子的结构和接触特征；

（4）构建 PFC 模型和进行运算准备工作必须使用 PFC 的二次开发功能。

PFC 的内嵌式程序语言 FISH，允许用户根据自己的特殊需要，定义新的变量和函数，以使计算模型更具针对性。例如，用户可以自定义模型材料的性质、接触力的加载方式、加载条件及伺服控制、模拟顺序等。

在 PFC^{2D}模型中，每一个颗粒（实际上为平面圆）都是一个固定半径的圆形刚体，遵循非连续性介质刚体的接触计算模型。颗粒之间的基本接触关系为点接触，最基本的接触关系为弹性本构关系，即刚体圆表面被初始化一定的法向刚度和切向刚度，并在接触过程中产生相对位移，根据力和位移的相对关系计算出接触力的大小和方向。PFC^{2D}中还包含代表边界的基本单元体"墙"，它不满足运动方程，即作用其上的接触力不会引起它的运动，墙的运动是通过人为给定的，两个墙之间也不会有接触力产生。所以，PFC^{2D}程序只存在两种接触模型：颗粒-颗粒接触模型和颗粒-墙接触模型。

除了接触关系之外，还需要有黏结强度来建立宏观的固体材料模型。PFC^{2D}提供了 contact-bond behavior（接触点黏结键）和 parallel-bond behavior（平行黏结键）两种基本的颗粒黏结方法。平行黏结键包含切向黏结强度、法向黏结强度和平行黏结半径，因其黏结键形状具有一定的黏结面积，故可以抵抗转动力矩的作用，其工作原理如图 7-2 所示。

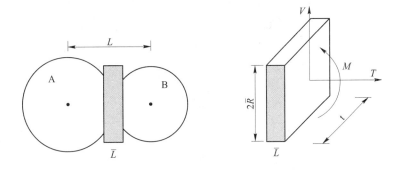

图 7-2　PFC^{2D}平行黏结键工作原理示意图

当接触位置的最大法向应力大于平行黏结键法向强度，或接触位置的最大切向应力大于平行黏结键切向强度时，平行黏结键将产生破坏，颗粒间将随之不再保持约束黏结；而当微观角度颗粒间相互黏结的约束产生破坏，宏观角度下的集合体固体模型（即岩石材料）就会发生破坏。

7.2.2 建立 PFC^{2D} 岩体模型的步骤

7.2.2.1 建立均匀密实的颗粒集合体

（1）用墙单位建立一个封闭区域，计算区域的面积。

（2）设定颗粒的半径和初始孔隙率，由四边形区域面积计算出填满区域颗粒的数量，采用随机方法生产颗粒。

（3）由静力平衡计算出颗粒内部的平均应力。当内部平均应力大于目标应力时，减小颗粒半径，反之增大颗粒半径，直到内部应力达到目标值。

（4）删除颗粒集合体中接触数量小于 2 的"悬浮颗粒"。

（5）为颗粒集合体添加平行黏结键。

（6）将四边形墙单元删除，计算岩块模型初始静力平衡。

7.2.2.2 定义岩块模型的参数

通过定义 PFC 岩块模型中颗粒的微观参数，模拟具有一定宏观参数的岩块模型，岩块宏观参数可通过岩石力学实验得到，并可通过 PFC^{2D} 模拟岩石力学实验进行验证。PFC^{2D} 中的微观参数和宏观参数见表 7-1。

表 7-1 PFC^{2D} 颗粒微观参数和宏观参数

参 数	名 称	名 称	数 值	单 位
微观参数	ρ_b	颗粒密度	2000	kg/m^3
	R	颗粒最小半径	0.3	m
	E	颗粒线弹性模量	30	GPa
	f	未黏结颗粒接触摩擦系数	0.5	
	p_{b_sn}	平行黏结键法向强度	40	MPa
	p_{b_ss}	平行黏结键剪切强度	40	MPa
宏观参数	ρ	岩块密度	2.013	t/m^3
	$\overline{E}$	岩块线弹性模量	30	GPa
	ν	岩块泊松比	0.25	
	σ_c	石块单轴抗压强度	36.45	MPa

7.2.2.3　向完整岩块模型中添加结构面

岩体内部往往包含有各种地质界面（称为结构面或弱面），如节理裂隙等，因此其物理力学性质与理想的完整岩石有所不同。因为弱面的存在，岩块才具有了某些不连续的力学特性，这也正是 PFC 等离散元数值方法的优势。PFC 方法能够通过添加结构面模拟裂隙的扩展与贯通，进而更好地应用岩石断裂力学理论。

PFC²ᴰ 中向完整岩块添加结构面的方法主要有两种：一种是删除模型中不连续面所在位置处的颗粒，通过形成的颗粒空隙来模拟非闭合的岩石裂隙；另一种方法是通过删除不连续面所在位置处的颗粒黏结键而不删除颗粒，构造表面连接但颗粒间不再有约束的闭合裂隙。但是这两种方法都存在着一些不足，第一种方法要求颗粒半径相对模型要足够小，否则模拟的弱面将会张开过大，在模拟非贯通的闭合裂隙时存在较大偏差；第二种方法同样要求颗粒半径要小，否则连线上随机分布的颗粒无法形成直线段而是呈现折线状。综合考虑后使用第二种方法。

7.3　FLAC 与 PFC²ᴰ 模型的耦合

7.3.1　FLAC 基本原理

FLAC 全称为 fast lagrangian analysis of continua（连续介质快速拉格朗日分析），是有限差分法的典型。有限差分法的基本思想是用差分网格离散求解域，用差分公式将问题的控制方程转化为差分方程，然后结合初始及边界条件，求解线性代数方程组。

FLAC 程序采用"显式"和时间递步法解算代数方程（组），单元的最大不平衡力随着时步增加而逐渐趋于极小值，而使计算趋于稳定。平面问题的 FLAC 计算时将材料分为由四边形单元组成的有限差分网格，计算中采用的是单元重叠的混合离散技术，即每一个四边形单元通过两组覆盖（共四个）的常应变三角形子单元来计算，体积应变由整个四边形算出；应变偏量则由四边形离散成的两个子单元分别进行计算，然后对两种离散方案重叠取平均值。图 7-3 表明了 FLAC 的一般计算过程，这个过程首先调用运动方程从应力和外力导出了新的速度和位移，然后，根据速度导出应变率，由应变率得出新的应力或力，每一个循环圈的一个周期采用一个时步[83~86]。

7.3.2　PFC²ᴰ/FLAC 耦合模型的建立

对于地下开挖时上盘岩体的破坏过程模拟，临近开挖区处的岩体是破坏的潜在区域，它的应力状态、位移、崩落情况是我们关心的重点，而非上盘整体。远离临空面的其他岩体，因受采矿卸荷作用影响较小，或已处于崩落带或移动带之

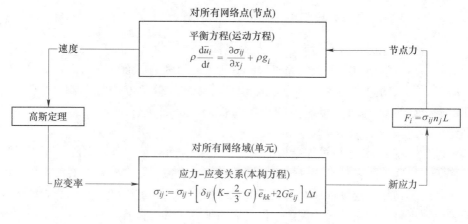

图 7-3 FLAC 有限差分显式计算循环图

外，其内部节理裂隙对其变形破坏的影响相对较小，故视此部分岩体为连续介质进行处理，可以认为是合理的。另外，只针对开挖临空面附近岩体进行离散建模，也有助于提高运算求解速度[87]。

耦合建模过程中，如何确定耦合面的位置十分重要，即确定离散介质域和连续介质域的分界范围。模型范围的划分，综合考虑以下几点：

（1）根据所模拟上盘岩体的强度和结构面发育特征，判断潜在的破坏区域，定义为离散介质域；

（2）根据上盘陷落角 β'，从每次开挖的最低水平起，向地表方向画线，定义崩落带以内岩体为离散介质域；

（3）根据矿山试采及工程实践中岩体在采矿应力下的自然崩落范围及成拱角度，推断可能崩落范围，定义为离散介质域。

综上，进行数值模拟建模时，使用非连续性介质方法对临空面附近定义为离散域的部分进行建模，对于远离临空面的部分使用连续性介质方法进行建模，非连续介质部分和连续介质部分相互耦合，形成一个数值模拟模型整体，耦合整体的"外边界加载"模型示意图如图 7-4 所示。FLAC 模型部分参数见表 7-2。

表 7-2 FLAC 部分模型基本参数

参 数	名 称	数 值	单 位
ρ	岩块密度	2.70	t/m³
$\overline{E}$	岩体线弹性模量	36.3	GPa
ν	岩块泊松比	0.26	
σ_c	岩体单轴抗压强度	13.6	MPa

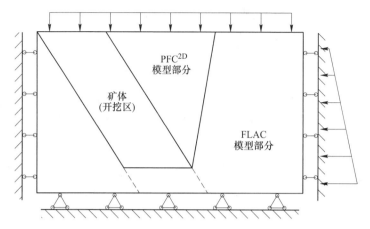

图 7-4　非连续-连续介质耦合"外边界加载"模型示意图

在耦合计算过程中，PFC 与 FLAC 的计算时步应是统一的。对于静力问题，FLAC 的计算时步采用单位时步，在 PFC 中则通过采用差分质量放大（set dtscale on）使其计算时步为单位时步；对于动力问题选取 min(Δt_D，Δt_F）作为两者的统一计算时步，其中 Δt_D 为 PFC 中的计算时步，Δt_F 为 FLAC 中的计算时步[77]。

PFC 和 FLAC 软件均采用 Socket I/O 技术对外提供接口和服务，并兼容 TCP/IP 传输协议，数据交换时，把 FLAC 作为服务器，把 PFC 作为客户端，建立数据交换通信。

非连续-连续耦合算法的实现步骤如下：

（1）在 FLAC 中建立同时包含 FLAC 部分和 PFC^{2D}部分的完整计算模型，为其中 FLAC 部分模型定义材料参数，将 PFC^{2D}模型部分设置为 null，指定耦合面位置并记录该位置节点信息。通过 solve 命令进行内力的初始平衡计算，得出 PFC^{2D}模型的初始边界应力条件。

（2）在 PFC^{2D}中建立离散颗粒流部分模型，模型的物理尺寸与 FLAC 中的 null 单元相同，施加由步骤（1）得到的 PFC 计算域的初始应力条件至模型边界，计算至平衡。

（3）删除 FLAC 中的 PFC^{2D}模型部分（null 单元），建立起 FLAC 与 PFC^{2D}软件之间的数据交换通道，将 FLAC 中记录的耦合节点信息传递给 PFC^{2D}，在 PFC^{2D}中根据相应位置的节点信息记录下处于该耦合面的颗粒信息。

（4）在 PFC^{2D}中对模型施加荷载，并通过信息链接通道将耦合节点处颗粒的作用力传递给 FLAC，作用力以外荷载形式施加到 FLAC 模型的耦合节点上。同时，FLAC 将交界面处的节点速度以相同方式传递给 PFC^{2D}，二者以设定的共同时步值完成一步计算。

（5）数据交换通信每一时步进行一次更新。在下一时步开始时，根据上一时步计算的交界面处的速度位移，更新交界面处颗粒与节点的接触位置，计算接触作用，然后回到各自系统中进行这一时步的运算，依次循环至平衡。

7.3.3　矿体回采顺序

本次模拟的矿体分别采用分段矿房法与阶段留矿采矿法开采。两种采矿方法设计中段高度相同，均为50m，中段内的回采顺序前者为自上而下回采，每次爆落一个凿岩分层高度约12.5m；后者为自下而上回采，每次爆落4排孔约12.5m。为使模拟结果简明且利于比较，模拟过程中做以下简化：一是不考虑回采前已经形成的采准切割工程；二是使两方法回采高度相同。依此设定模拟过程分四步开挖，每个开挖步骤的回采高度为全高的1/4。

7.4　计算结果分析

根据节理岩体断裂力学理论，认为岩体的破坏是开挖过程中微小节理的扩展和贯通，当贯通破坏面形成之后，与母岩体发生脱离的子岩体就会在自身重力作用下发生冒落或滑动，因此可以通过节理贯通破坏面来预测上盘的破坏。

"分段矿房法"和"阶段留矿采矿法"两种采矿方法随开挖步骤上盘岩体内节理破坏面的分布如图7-5所示。

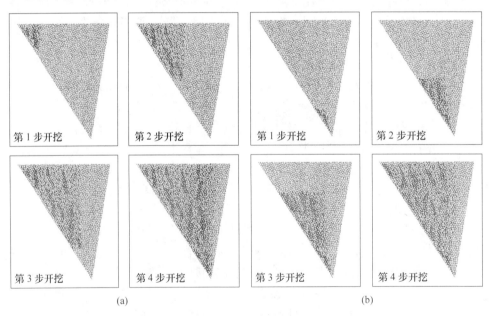

图 7-5　岩体内部节理破坏面分布

（a）分段矿房法；（b）阶段留矿采矿法

图 7-5 中被标记为深灰色的部分代表产生了大于 0.01m 的相对拉张或滑动位

移的节理，如果相邻节理破坏面发生相互贯通，则岩石冒落的趋势变大，导致冒落破坏较易发生。由图7-5可知，分段矿房法内部贯通节理较明显，且随开挖步增加不断扩展，上盘容易发生崩落而卸压；阶段留矿采矿法开挖前几步内部贯通的破坏节理较少，而随着最后一步开挖和大量放矿，贯通裂隙明显增加。

开挖过程中上盘岩体内部的应力可以通过模型颗粒（平面圆）之间的最大接触力来表征，两种采矿方法随开挖步骤内部颗粒间的最大接触力变化情况见图7-6。

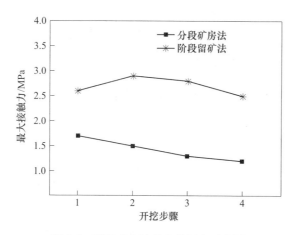

图 7-6 两采矿方法最大接触力对比图

由两者不同的变化趋势可知，分段矿房法上盘岩体应力随岩体崩落而不断卸压，岩体内部应力较小；阶段留矿采矿法因留矿作用，保证了上盘岩体的相对稳定，但同时也造成了岩体内部应力的蓄积。由两者破坏的趋势可以得知，应用分段矿房法开采时上盘岩石易于冒落混入矿石中，造成贫化损失的增加，但同时岩石的不断崩落可以使上盘岩体内的应力下降，有利于地应力的控制；应用阶段留矿采矿法开采时，前几步开挖时矿岩的暴露面积小，上盘的岩石不至于提前冒落，可适当降低贫化损失率，增加经济效益，但开挖后期上盘岩体内部应力的蓄积可能会造成上盘岩体的不可控性增加，若突然发生大面积的冒落，则安全上可能会存在一定的隐患。

模型的连续介质部分，根据测点处的位移矢量值，可得出上盘节理破坏可能的扩展范围和采挖区对上盘稳定的影响程度，测点分布如图7-7所示。

两种采矿方法各测点位移数据如图7-8所示。

由折线图各测点数据走势可知，分段矿房法前几步开挖时，距开挖体上盘较远处的位移矢量趋近于零，到开挖后期有一定的增长；阶段留矿采矿法开挖一开始测点位移就存在，并随开挖步骤而持续增长，故而可以认为阶段留矿采矿法对于上盘稳定性的影响范围较分段矿房法大。

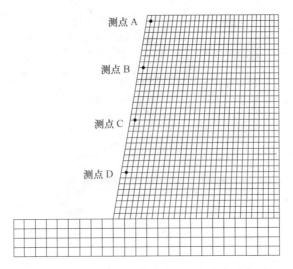

图 7-7 连续介质模型部分位移测点分布示意图

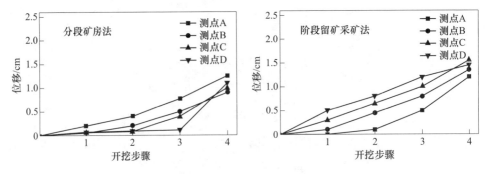

图 7-8 两采矿方法各测点最大位移矢量

综合来看，分段矿房法虽然会使上盘临近开挖区域处的崩落破坏更易发生，导致贫化损失率略有增加，但其最终对于上盘稳定性的影响范围及变形量比阶段留矿采矿法小，特别是其随回采而卸压的特点更加明显，在安全性上更加符合开采时地压管理的基本理念，故认为分段矿房法更有利于上盘围岩的开采控制。

7.5 本章小结

通过非连续-连续介质耦合数值模拟方法，对开挖体上盘岩体随开挖步骤的破坏趋势、可能性以及其影响范围进行了分析，得出分段矿房法和阶段留矿采矿法开采时各自上盘岩体稳定性的特点，对两者进行比较，认为分段矿房法更有利于上盘围岩的开采控制。

8 采场底部结构稳定性

在集群开采过程中，采场底部结构的稳定性对连续、持续出矿有着重要意义。随着开采的不断推进，底部出矿巷道的顶板压力也在不断变化，不同的开挖顺序也对底部巷道，特别是巷道交叉点的应力集中效应有着重要影响。本章针对集群开采中的底部结构稳定性问题进行研究，通过数值模拟分析，优化底部结构的施工顺序，确定最佳的巷道支护形式。

8.1 采场底部结构稳定性数值模型

在不稳定的岩体中，采用平底结构出矿时，采场底部结构的主要破坏形式是巷道底鼓和帮鼓，如图 8-1 所示。

(a)   (b)

图 8-1　巷道底鼓和帮鼓破坏

（a）底鼓导致底板开裂；（b）帮鼓导致支架两脚被挤出

巷道底鼓变形导致底板开裂、轨道被顶起；巷道帮鼓将支架两脚挤出，影响通风和人员设备运行，严重影响矿山生产效率。

对巷道底鼓和帮鼓进行治理，必须先对巷道稳定性的影响因素和巷道的破坏机理进行研究。根据矿山现场监测数据，目前 850m 中段脉内运输巷道变形已经停止，两帮收缩量为 14~15cm，底板上移量为 8~9cm，而拱顶下沉不明显。为将数值模拟结果与实际结果进行对比，选取 850m 中段脉内运输巷道进行分析。

8.1.1 本构模型及屈服准则

矿石和围岩属于弹塑性材料,采用摩尔-库仑模型,其屈服函数为[88]:

$$
\begin{cases}
f_s = \sigma_1 - \sigma_3 N_\varphi - 2c\sqrt{N_\varphi} \\
N_\varphi = \dfrac{1+\sin\varphi}{1-\sin\varphi} \\
f_t = \sigma_t - \sigma_3
\end{cases}
\tag{8-1}
$$

式中,σ_1 为最大主应力;σ_3 为最小主应力;σ_t 为岩体抗拉强度。

$f_s<0$ 时,岩体发生剪切屈服;$f_t>0$ 时,岩体发生拉伸屈服。

8.1.2 边界条件和初始地应力场

FLAC[3D] 中边界条件分为位移边界条件和应力边界条件两类[88]。模型的位移边界条件为:固定模型的四周和底面,令左右边界在 X 方向的位移为零,前后边界在 Y 方向的位移为零,底面在 X、Y、Z 方向的位移均为零。模型的应力边界条件为:在模型顶面施加上覆岩体产生的垂直均布荷载,在模型四周边界施加水平荷载,水平荷载在垂直方向上线性增加。模型边界条件和加载如图 8-2 所示。

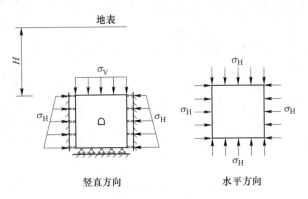

图 8-2 模型加载简图

矿山的实际应力场按杜建军[89]的实测资料选取,具体见式 (8-2)。

$$
\begin{cases}
\sigma_V = \gamma H \times 10^{-6} \\
\sigma_{H,max} = 4.9681 + 0.0231H \\
\sigma_{H,min} = 3.0910 + 0.0168H
\end{cases}
\tag{8-2}
$$

式中,σ_V、$\sigma_{H,max}$ 和 $\sigma_{H,min}$ 分别为垂直应力、水平最大应力和水平最小应力,MPa,其中水平最大应力与矿体走向垂直,水平最小应力与矿体走向平行;γ 为岩体容重,kN/t;H 为埋深,m。

8.1.3 数值模型的建立

脉内运输采用直墙 1/3 三心拱巷道，断面尺寸 2.2m×2.4m（宽×高），根据其断面面积并考虑断面形状的影响进行当量半径折算[90]：

$$r_0 = K\sqrt{\frac{S}{\pi}} \tag{8-3}$$

式中，r_0 为巷道的当量半径；K 为巷道断面形状修正系数，拱形巷道取 1.1；S 为巷道断面面积，m^2。

巷道开挖影响范围取其当量半径的 5 倍，建立的数值模型长 20m，宽 25m，高 25m，共划分单元 72480 个，如图 8-3 所示。

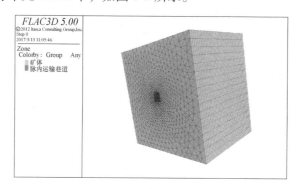

图 8-3 脉内运输巷道数值模型

8.2 底部结构巷道稳定性主要影响因素

巷道稳定性的影响因素主要有以下几个方面[91]：

（1）岩体性质。岩体性质主要包括岩石的矿物组成、岩体结构、充填物和风化程度，这些决定了岩体的承载能力。一般说来，矿物硬度越高，岩石的强度也越高。结构面通常会削弱岩石的强度和自稳能力，若结构面充填有泥质等软弱成分、伴随有岩石风化现象，则岩体强度更低。

（2）地应力。地应力是围岩破坏的必要条件，在一定程度上决定了岩体的力学性质，如岩体在三向应力状态时强度和弹性极限显著高于二向应力状态。地应力还能使岩体在脆性和塑性之间进行转化，如浅部开采时表现为硬岩的岩体在深部开采时也可能在高应力作用下表现出软岩的大变形、塑性流动等特点。

（3）地下水。地下水的影响主要在于削弱岩体结构面强度，使岩体泥化、崩解，使高岭石、伊利石和蒙脱石等黏土矿物产生剧烈膨胀变形和软化。

（4）支护条件。巷道开挖后，周边围岩由三向应力状态变为二向应力状态，围岩向临空面方向移动，变形量不超过围岩的弹性变形范围时可以不支护，否则必须予以支护，支护不及时或支护强度不够都可能使巷道产生底鼓和帮鼓等现象。

（5）巷道位置和断面形状。巷道位置和断面形状决定了巷道围岩的应力状态，巷道走向平行最大主应力方向时巷道稳定性最好，巷道各段曲线过渡得越光滑，巷道的受力状态越好，越利于巷道稳定。

8.3 底部结构巷道破坏机理

8.3.1 岩体性质的影响

上述研究结果表明，该矿山岩体属于非膨胀岩，可不考虑围岩遇水膨胀产生的变形。岩体质量评价结果表明矿岩属于Ⅱ类围岩，岩体的力学参数见表8-1，表8-1中Ⅲ类和Ⅳ类围岩的力学参数根据文献［92］选取。

表 8-1 岩体物理力学参数

围岩类型	容重 /kN·m⁻³	抗拉强度 /MPa	体积模量 /GPa	切变模量 /GPa	内聚力 /MPa	内摩擦角 /(°)	参数来源
Ⅱ类	27.0	1.38	23.3	13.3	2.30	52.0	矿山实际
Ⅲ类	27.0	0.5	9.056	3.019	0.5	35.0	文献［92］
Ⅳ类	27.0	0.15	1.293	0.431	0.26	29.6	文献［92］

按矿山的实际应力场计算，Ⅱ类、Ⅲ类、Ⅳ类围岩的巷道位移和塑性区分布如图8-4~图8-7所示。

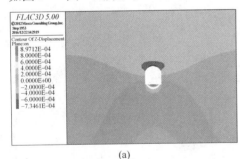
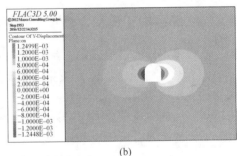

(a) (b)

图 8-4 Ⅱ类围岩中巷道位移

(a) 垂直位移；(b) 水平位移

为便于分析，将巷道位移、塑性区体积与围岩类别的关系列于图8-8。

由图8-8可知，Ⅱ类和Ⅲ类围岩巷道的变形量小于10mm，塑性区体积小于50m³，但Ⅳ类围岩巷道的变形量和塑性区体积都急剧增加，巷道变形超过600mm，塑性区体积超过500m³，显著高于Ⅱ类围岩和Ⅲ类围岩。可见，围岩强度对巷道变形量和塑性区体积的影响非常显著。

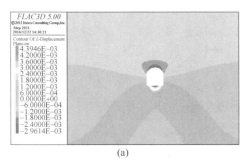 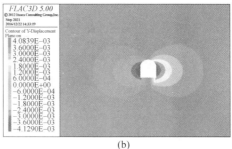

图 8-5　Ⅲ类围岩中巷道位移

（a）垂直位移；（b）水平位移

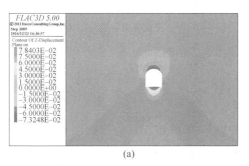 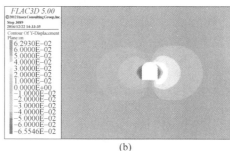

图 8-6　Ⅳ类围岩中巷道位移

（a）垂直位移；（b）水平位移

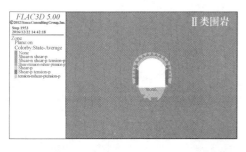 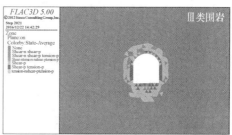

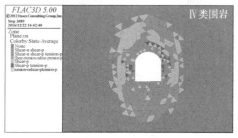

图 8-7　巷道周边塑性区分布

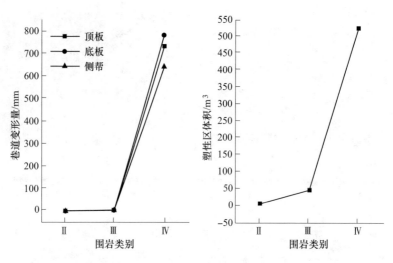

图 8-8　巷道位移和塑性区体积与围岩类别的关系

8.3.2　地应力的影响

水平应力 σ_H 与垂直应力 σ_V 的比值为侧压力系数 λ，λ 分别取 0.5、1.0、1.5、2.0 时，巷道位移和塑性区分布如图 8-9~图 8-11 所示。

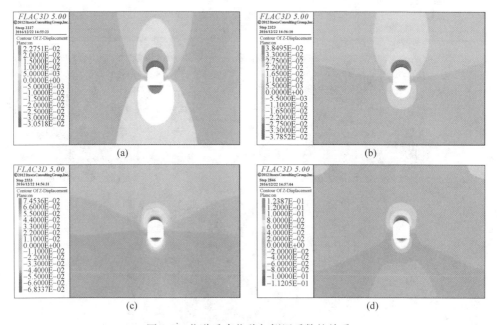

图 8-9　巷道垂直位移与侧压系数的关系

（a）$\lambda=0.5$；（b）$\lambda=1.0$；（c）$\lambda=1.5$；（d）$\lambda=2.0$

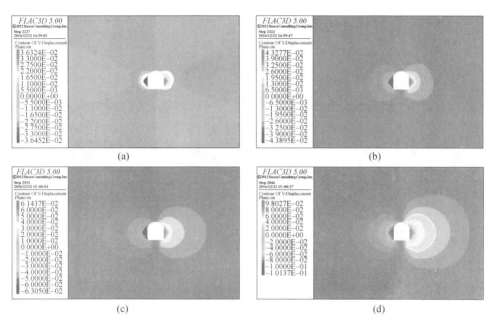

图 8-10　巷道水平位移与侧压系数的关系

（a）λ=0.5；（b）λ=1.0；（c）λ=1.5；（d）λ=2.0

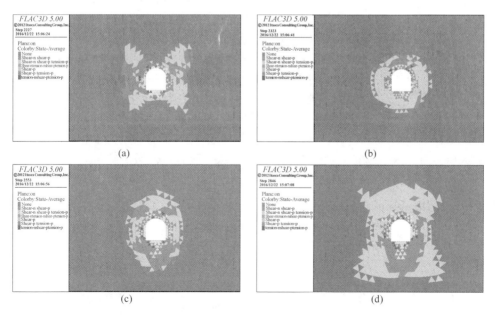

图 8-11　巷道最大主应力与侧压系数的关系

（a）λ=0.5；（b）λ=1.0；（c）λ=1.5；（d）λ=2.0

为便于分析，将巷道位移、塑性区体积与侧压系数的关系列于图 8-12。

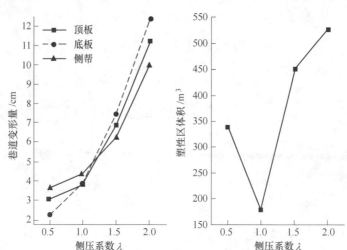

图 8-12　巷道位移和塑性区体积与侧压系数的关系

由图 8-12 可知，侧压系数 λ 由 0.5 增大到 2 时，巷道顶板、底板和侧帮位移都呈加速增长的趋势，其中巷道顶板位移由 3.05cm 增加到 11.21cm，增幅 267.5%；底板位移由 2.28cm 增加到 12.39cm，增幅 434.4%；侧帮位移由 3.64cm 增加到 9.97cm，增幅 173.9%。说明水平应力也对巷道变形影响显著，对底板变形的影响最大。巷道周边塑性区体积先减小后增大，$\lambda = 1$ 时最小。

由图 8-12 还可知，$\lambda < 1$ 时侧帮位移最大，$\lambda > 1$ 时顶底板位移最大。这与 $\lambda < 1$ 时巷道周边塑性区主要分布于两帮，$\lambda > 1$ 时巷道周边塑性区主要分布于顶底板是吻合的，也与 $\lambda < 1$ 时应力集中于两帮，$\lambda > 1$ 时应力集中于顶底板是吻合的，如图 8-13 所示。需要说明的是，FLAC^{3D} 中约定压力为负，拉力为正，主应力按应力的数值大小排序，最大主应力对应的是 "Contour of Min. Principle Stress"。

根据杜建军[89] 的研究，区域内以水平应力为主，侧压系数约为 1.56，水平最大应力与脉内运输巷道走向垂直。可见，水平应力大也是该矿巷道帮鼓和底鼓的另一重要原因。

8.3.3　巷道断面形状的影响

现场观测表明，巷道顶板下沉不明显，因此控制巷道顶板矢跨比 n（圆弧高度与跨度之比）不变，只研究巷道底板和侧帮形状对巷道变形的影响。

8.3.3.1　底板形状的影响

巷道顶板矢跨比为 0.33（三心拱），两帮矢跨比为 0（直墙）时，巷道变形量和塑性区体积与底板矢跨比 n 的关系如图 8-14~图 8-16 所示。

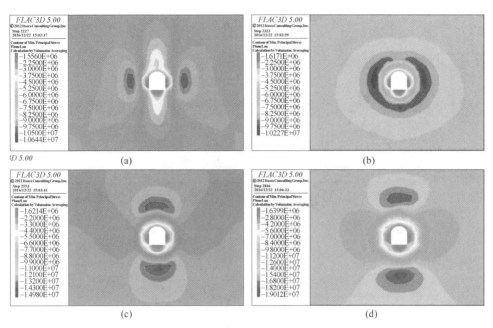

图 8-13 巷道最大主应力与侧压系数的关系

（a）$\lambda = 0.5$；（b）$\lambda = 1.0$；（c）$\lambda = 1.5$；（d）$\lambda = 2.0$

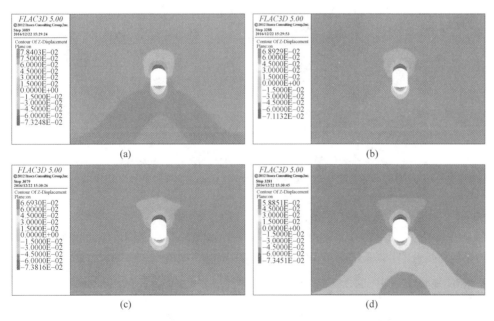

图 8-14 巷道垂直位移与底板矢跨比 n 的关系

（a）$n = 0.0$；（b）$n = 0.1$；（c）$n = 0.2$；（d）$n = 0.3$

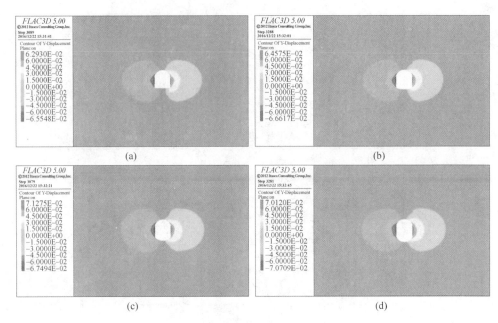

图 8-15　巷道水平位移与底板矢跨比 n 的关系

（a） $n=0.0$；（b） $n=0.1$；（c） $n=0.2$；（d） $n=0.3$

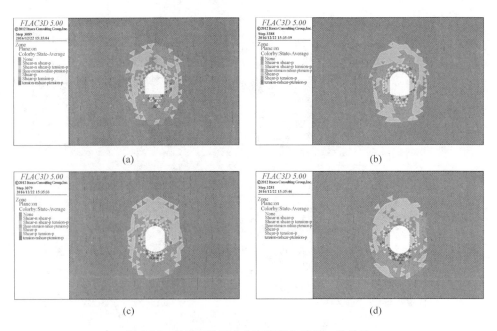

图 8-16　巷道塑性区分布与底板矢跨比 n 的关系

（a） $n=0.0$；（b） $n=0.1$；（c） $n=0.2$；（d） $n=0.3$

为便于分析,将巷道位移、塑性区体积与底板矢跨比的关系列于图 8-17。

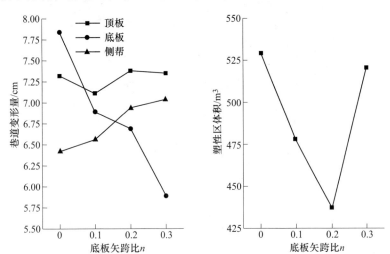

图 8-17　巷道位移和塑性区体积与底板矢跨比的关系

由图 8-17 可知,直墙三心拱巷道底板矢跨比由 0 增加到 0.3 时,底鼓量由 7.84cm 下降到 5.89cm,降幅 24.9%;帮鼓量由 6.42cm 增大到 7.04cm,增幅 9.7%;顶板位移变化较小,最大值和最小值相差 3.7%。塑性区体积先由 530.9m³ 降低到 436.9m³ 后又增加到 520.5m³,$n = 0.2$ 时最小。可见,增大底板矢跨比能显著减小底鼓量,但会导致帮鼓量增加,底板矢跨比大于 0.2 还会导致塑性区体积急剧增加。考虑到岩体进入塑性状态后承载能力将大幅下降,因此直墙三心拱的最佳底板矢跨比为 0.2,此时底鼓量和塑性区体积分别为 6.69cm 和 436.9m³,分别比平底降低 14.7% 和 17.6%。

8.3.3.2　侧帮形状的影响

控制巷道顶板矢跨比为 0.33,底板矢跨比为 0,并保证巷道断面各段曲线光滑连接以减少应力集中,侧帮由直墙改为矢跨比 0.09 的曲墙,巷道位移如图 8-18 所示。

由图 8-18 可知,侧帮矢跨比为 0.09 时,顶板下沉量、底鼓量、帮鼓量分别为 7.03cm、7.13cm、5.53cm,分别比直墙下降 4.0%、9.1%、13.9%。计算还表明,侧帮矢跨比为 0.09 时巷道的塑性区体积为 443.4m³,比直墙下降 16.4%。

8.3.3.3　巷道底板和侧帮形状的耦合影响

研究表明,采用底拱能有效减少底鼓量,采用曲墙能有效减少帮鼓量。在不改变巷道有效高度和有效宽度并使巷道各段曲线光滑连接的前提下,采用马蹄形

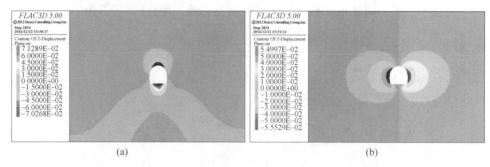

图 8-18 侧帮矢跨比为 0.09 时巷道位移

（a）垂直位移；（b）水平位移

断面巷道，控制顶板矢跨比为 0.33，侧帮矢跨比为 0.09，研究底板矢跨比变化对马蹄形巷道变形量和塑性区体积的影响，结果如图 8-19~图 8-21 所示。

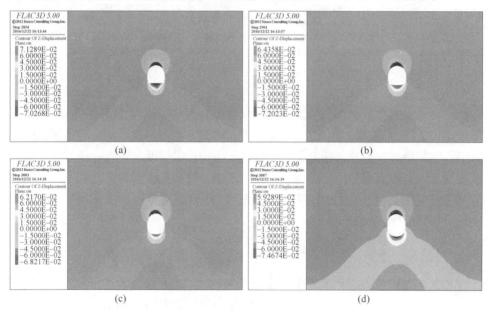

图 8-19 马蹄形巷道垂直位移与底板矢跨比 n 的关系

（a）$n=0.0$；（b）$n=0.1$；（c）$n=0.2$；（d）$n=0.3$

　　为便于分析，将马蹄形巷道的位移、塑性区体积与底板矢跨比的关系列于图 8-22。

　　由图 8-22 可知，马蹄形巷道底板矢跨比由 0 增加到 0.3 时，底鼓量由 7.13cm 下降到 5.93cm，降幅 16.8%；$n=0.2$ 时顶板下沉量最小，比最大值小 8.7%；帮鼓量由 5.53cm 增加到 5.98cm，增幅 8.1%；塑性区体积先减小后增大，$n=0.2$ 时最小，比最大值小 29.1%。因此，马蹄形巷道的最佳底板矢跨比为

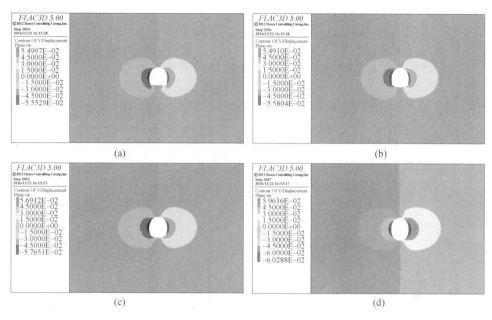

图 8-20　马蹄形巷道水平位移与底板矢跨比 n 的关系

（a）$n=0.0$；（b）$n=0.1$；（c）$n=0.2$；（d）$n=0.3$

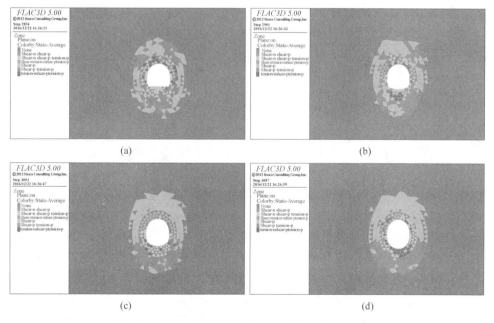

图 8-21　马蹄形巷道塑性区分布与底板矢跨比 n 的关系

（a）$n=0.0$；（b）$n=0.1$；（c）$n=0.2$；（d）$n=0.3$

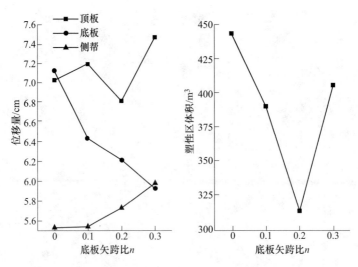

图 8-22   马蹄形巷道位移和塑性区体积与底板矢跨比的关系

0.2，此时顶板下沉量、底鼓量、帮鼓量、塑性区体积分别为 6.82cm、6.22cm、5.73cm、314.2m³，分别比直墙平底三心拱下降 6.8%、20.7%、10.7%、59.3%，总体上也优于单独采用底拱或者曲墙。

8.3.4　支护条件的影响

由于节理裂隙发育、岩体完整性差且强度低，矿山巷道围岩表现出大变形的特点。目前脉内运输巷道支护采用 16 号工字钢制成的三心拱架，间距 0.3m，支架之间用槽钢焊接，支架与围岩之间较大的空隙用圆木填充，支架两脚用槽钢承接以防下陷，底板不支护。这种支护方式作业效率低、成本高，且不能有效控制巷道变形。

计算表明，在不支护的情况下直墙平底三心拱巷道顶板下沉量为 7.32cm，底鼓量为 7.84cm，但现场观测发现巷道顶板下沉量明显小于底鼓量，这跟现场重视对顶板的支护以防止冒顶但不注重对底板的支护有很大关系[93]。一方面，虽然巷道侧帮也进行了支护，但钢支架与围岩不耦合间隙较大，支架无法与围岩形成共同承载体系，不能及时限制侧帮的有害变形，导致侧帮垮塌而形成帮鼓。另一方面，钢支架的强度和刚度虽然很大，但因两脚未进行固定而结构稳定性差，两脚容易在散体压力和原岩压力的双重作用下被挤出[94]，这反过来又加剧了帮鼓的发展。此外，围岩处于裸露、风化状态，又加剧了岩体强度的降低。

采用与现场相同的工字钢型号和支架间距进行支护模拟，数值建模时支护结构与围岩紧密贴合以模拟耦合支护。巷道耦合支护时的位移如图 8-23 和图 8-24 所示。

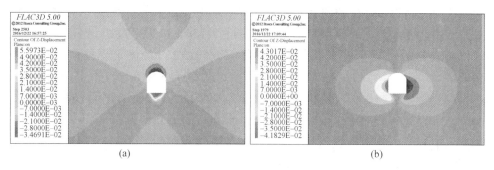

图 8-23 仅底板不支护时巷道位移

（a）垂直位移；（b）水平位移

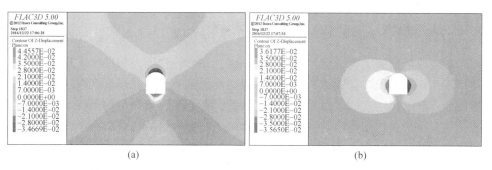

图 8-24 全断面支护时巷道位移

（a）垂直位移；（b）水平位移

由图 8-23 可知，耦合支护后巷道底鼓量和帮鼓量分别为 5.60cm 和 4.25cm，分别比现场不耦合支护降低 34.1% 和 41.4%。结合图 8-24 可知，底板支护与否顶板位移均为 3.47cm，但底板支护时底鼓量为 4.46cm，比底板不支护时的 5.60cm 降低 20.4%。底板支护时增强了支架两脚的结构稳定性，帮鼓量由底板不支护时的 4.25cm 下降到 3.59cm，降幅 15.5%。可见，耦合支护、对底板进行支护、增强支架的结构稳定性对减小底鼓和帮鼓有重要作用，但单纯采用钢架支护不能有效控制巷道变形，需要进一步研究适合围岩大变形的支护方式。

本节主要通过理论分析和数值模拟，从岩体性质、地应力分布、巷道断面形状和支护条件等方面研究了某金矿采场底部结构巷道底鼓和帮鼓的机理，得出以下结论：

（1）岩体强度对巷道变形影响最为显著，围岩软弱破碎是某金矿巷道底鼓和帮鼓的根本原因，巷道应尽量布置在坚硬完整岩体中。

（2）水平应力较大也是矿山巷道底鼓和帮鼓的重要原因，巷道走向应尽可能垂直矿体布置。

（3）采用合理的巷道断面形状能显著减小巷道变形和塑性区体积，优化顶板、底板和侧帮矢跨比分别为 0.33、0.2 和 0.09 后，顶板下沉量、底鼓量、帮鼓量和塑性区体积分别为 6.82cm、6.22cm、5.73cm 和 314.2m³，比直墙平底三心拱巷道分别降低 6.8%、20.7%、10.7% 和 59.3%，且优于单独使用底拱或曲墙。

（4）耦合支护后底鼓量和帮鼓量分别为 5.60cm 和 4.25cm，比不耦合支护分别降低 34.1% 和 41.4%；底板支护后底鼓量和帮鼓量分别为 4.46cm 和 3.59cm，比底板不支护分别降低 20.4% 和 15.5%。因此，应尽量采用耦合支护形式，形成支架围岩共同承载体系，并加强对巷道底板的支护。

（5）单纯采用钢架支护不能有效控制巷道变形，需要进一步研究适合围岩大变形的支护方式。

8.4　堑沟巷道与出矿巷道交岔点开挖顺序

影响采场底部结构稳定性的因素有很多，如岩体物理力学性质、地应力等地质因素，还有工程布置形式、开挖顺序等工程因素。地质因素客观存在且一般较难改变，而工程因素却可以人为控制。因此，在地质因素一定的条件下，研究工程因素对采场底部结构稳定性的影响将有助于指导后续的底部结构设计和施工。

巷道交岔点（以下简称交岔点）是巷道与巷道相交形成的特殊巷道，是矿井运输的咽喉部位。交岔点在形成过程中周边围岩往往经历多次开挖扰动，其形成后围岩由三向应力状态变为两向应力状态，锐角区域易产生应力集中，加之交岔点暴露面积较大，导致交岔点比普通巷道更容易破坏[95,96]。

堑沟巷道和出矿巷道的交岔点是放矿过程的咽喉所在，一旦遭到破坏将导致矿石无法放出。研究表明，开挖顺序对交岔点稳定性有很大影响，本节对堑沟巷道和出矿巷道的交岔点合理开挖顺序进行研究。

8.4.1　方案设计

以往有学者对夹角不变的交岔点合理开挖顺序进行过研究，但由于设计和施工的原因，交岔点的夹角不是固定的，交叉角度变化时是否只存在一种最佳开挖顺序尚不得知。本章通过建立夹角为 40°、50°、60°、70°、80° 的交岔点模型，研究不同交叉角度时的交岔点合理开挖顺序。

堑沟巷道为矩形，断面尺寸为 2.6m×2.8m（宽×高），出矿巷道为直墙 1/3 三心拱形，断面尺寸为 2.2m×2.4m（宽×高），巷道开挖影响范围按其当量半径的 5 倍选取，交岔点数值模型长×宽×高为 40m×35m×25m。以夹角 70° 为例（矿山目前的交叉角度为 70°），数值模型划分单元 539680 个，去掉部分围岩后如图 8-25 所示。

交岔点开挖设计三种方案，方案 I：先开挖靠近钝角区的堑沟巷道，再开挖

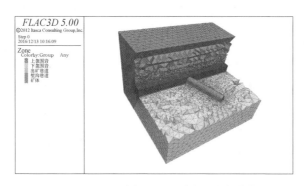

图 8-25　堑沟巷道与出矿巷道交岔点数值模型

靠近锐角区的堑沟巷道，最后开挖出矿巷道，即 A→B→C；方案Ⅱ：A→C→B；方案Ⅲ：B→A→C。开挖示意图如图 8-26 所示。

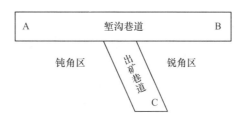

图 8-26　堑沟巷道与出矿巷道交岔点开挖示意图

8.4.2　计算结果及分析

8.4.2.1　开挖顺序对交岔点位移的影响

（1）水平位移。由于交岔点锐角区相对于钝角区更容易破坏，破坏后交岔点暴露面积增大，进一步恶化锐角区岩体的支撑效果，形成恶性循环，最终导致交岔点完全破坏[97]，因此重点关注锐角区的水平最大位移和整个交岔点水平最大位移的位置。交岔点水平位移统计如图 8-27 所示。

由图 8-27 可知，随着交叉角度的增加，三种开挖方案交岔点的水平最大位移都逐渐减小，锐角区最大下降12.6%，钝角区最大下降10.0%。在锐角区水平位移方面，方案Ⅱ最小，平均比方案Ⅰ低12.9%，比方案Ⅲ低14.9%。在钝角区水平位移方面，三种方案相差不大，但方案Ⅱ最小。对比锐角区和钝角区水平位移可知，方案Ⅰ和方案Ⅲ的水平最大位移出现在锐角区一侧，不利于锐角区的稳定，方案Ⅱ的水平最大位移出现在钝角区一侧，有利于锐角区的稳定。因此，在交岔点水平最大位移的位置和锐角区的水平最大位移方面，方案Ⅱ最优。

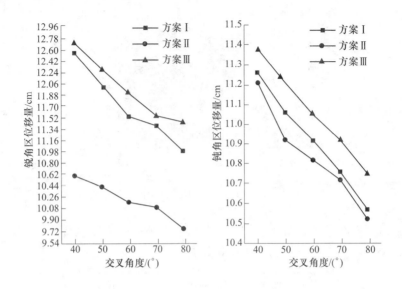

图 8-27 交岔点水平最大位移

（2）垂直位移。交岔点处堑沟巷道和出矿巷道的顶底板位移如图 8-28 和图 8-29 所示。

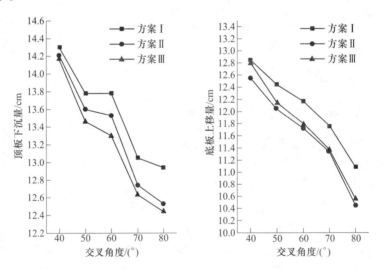

图 8-28 堑沟巷道顶板和底板垂直最大位移

由图 8-28 可知，随着交叉角度的增加，三种开挖方案堑沟巷道顶板和底板垂直位移都逐渐减小，顶板下沉量最大下降 13.4%，底板上移量最大下降 17.6%。总的看来，三种方案的堑沟巷道顶板下沉量相差不大，方案Ⅲ最优；底板上移量相差也不大，方案Ⅱ最优。

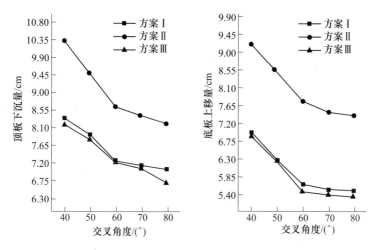

图 8-29 出矿巷道顶板和底板垂直最大位移

由图 8-29 可知，随着交叉角度的增加，三种开挖方案出矿巷道顶板和底板的最大垂直位移都逐渐减小，顶板下沉量最大下降 20.8%，底板上移量最大下降 22.2%。交叉角度超过 60°后出矿巷道顶底板位移趋于稳定，因此从控制出矿巷道顶底板位移考虑，交叉角度不宜小于 60°。方案Ⅲ的顶板和底板垂直位移量最小，平均分别比方案Ⅱ低 17.8%和 27.3%，但与方案Ⅰ相差不大，因此在出矿巷道顶板和底板的垂直位移方面，方案Ⅲ最优。

8.4.2.2 开挖顺序对交岔点应力分布的影响

以夹角 70°时为例，交岔点的最大主应力分布见图 8-30。

由图 8-30 可知，方案Ⅰ、方案Ⅱ和方案Ⅲ的最大主应力分别为 12.51MPa、11.90MPa 和 12.57MPa，且方案Ⅰ、方案Ⅲ的最大主应力在锐角区一侧，方案Ⅱ应力在交岔点两侧分布更为均匀。其他交叉角度规律与此相同，最大主应力如图 8-31 所示。

由图 8-31 可知，方案Ⅱ最大主应力最小，平均比方案Ⅰ和方案Ⅲ小 4.9%和 5.5%，方案Ⅰ平均比方案Ⅲ小 0.7%，因此方案Ⅱ最优。总体上看，三种方案以 50°为转折点，最大主应力呈先增大后减小的趋势，最大分别下降 3.6%、1.9%和 3.9%。因此从最大主应力方面考虑，交叉角度不宜小于 50°。

8.4.2.3 开挖顺序对塑性区的影响

交岔点开挖完成后的塑性区体积统计如图 8-32 所示。

由图 8-32 可知，随着交叉角度的增加，三种开挖方案的塑性区体积都呈现先增加后减小的趋势，方案Ⅰ和方案Ⅲ以 50°为转折点，方案Ⅱ以 60°为转折点。

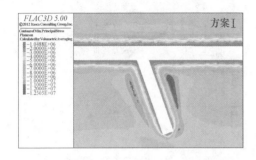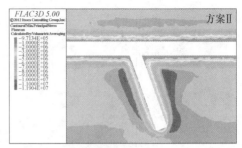

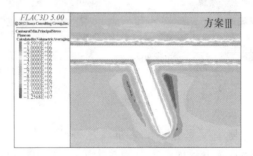

图 8-30 夹角 70°时不同开挖方案交岔点主应力分布

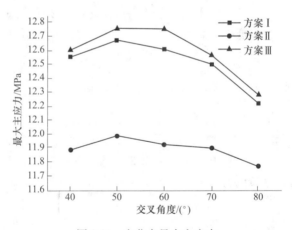

图 8-31 交岔点最大主应力

塑性区体积先增后减的主要原因是，夹角较小时，虽然夹角在增大，但锐角区承载能力仍然不足，出现了大面积的塑性破坏，因此塑性区体积增大。随着夹角的进一步增大，锐角区岩体的承载能力有较大提高，因此进入塑性破坏的岩体体积减小。因此从控制塑性区体积方面考虑，采用方案 I 和方案 III 时交叉角度不宜小于 50°，用方案 II 时交岔点角度不宜小于 60°。方案 II 塑性区体积最小，平均比方案 I 和方案 III 小 44.8% 和 41.8%，方案 III 平均比方案 I 小 4.2%，因此方案 II 最优。

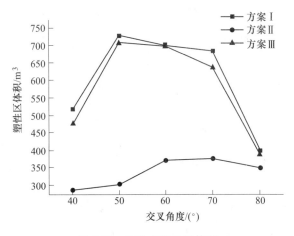

图 8-32 交岔点塑性区体积

8.4.2.4 交岔点开挖顺序综合评价

由 8.4.2.3 节分析可知，交叉角度变化时，开挖顺序对堑沟巷道和出矿巷道交岔点稳定性的影响具有统一的变化规律，但单项指标各有优劣，见表 8-2，因此需要综合评判才能确定最优开挖顺序。

表 8-2 开挖方案优劣排序及相对差异

比较指标	方案排序	方案平均相对差异/%		
		I 与 II	I 与 III	II 与 III
堑沟巷道顶板垂直位移	III > II > I	1.8	2.7	0.9
堑沟巷道底板垂直位移	II > III > I	3.7	2.7	1.0
出矿巷道顶板垂直位移	III > I > II	16.2	2.0	17.8
出矿巷道底板垂直位移	III > I > II	25.6	2.2	27.3
锐角区水平位移	II > I > III	12.9	2.4	14.9
钝角区水平位移	II > I > III	0.7	1.3	2.0
塑性区体积	II > III > I	44.8	4.2	41.8
最大主应力	II > I > III	4.9	0.7	5.5

注："＞"表示"优于"。

表 8-2 中方案平均相对差异的计算方法如下：

$$P_{ijk} = \frac{\left| \sum_{m=40}^{80} X_{ik} - \sum_{m=40}^{80} X_{jk} \right|}{\max\left(\sum_{m=40}^{80} X_{ik}, \sum_{m=40}^{80} X_{jk} \right)} \times 100\% \tag{8-4}$$

式中，P_{ijk} 为方案 i 与方案 j 第 k 个指标的平均相对差异，$i=$ Ⅰ，Ⅱ，Ⅲ；$j=$ Ⅰ，Ⅱ，Ⅲ；$k=1, 2, 3, \cdots, 8$；$\sum_{m=40}^{80} X_{ik}$，$\sum_{m=40}^{80} X_{jk}$ 分别为方案 i 和方案 j 第 k 个指标之和，$m=40°$、$50°$、$60°$、$70°$、$80°$；$\max\left(\sum_{m=40}^{80} X_{ik}, \sum_{m=40}^{80} X_{jk} \right)$ 为 $\sum_{m=40}^{80} X_{ik}$，$\sum_{m=40}^{80} X_{jk}$ 中的最大值。

由表 8-1 可知：方案 Ⅱ 在堑沟巷道底板垂直位移、锐角区水平位移、钝角区水平位移、塑性区体积和最大主应力这五个指标优于方案 Ⅰ 和方案 Ⅲ，平均比方案 Ⅰ 小 3.7%、12.9%、0.7%、44.8% 和 4.9%，平均比方案 Ⅲ 小 1.0%、14.9%、2.0%、41.8% 和 5.5%。由于岩体进入塑性状态后承载能力将大幅下降，因而塑性区体积的大小是判断围岩稳定性的重要标志，鉴于方案 Ⅱ 的塑性区体积远远小于方案 Ⅲ 和 Ⅰ，因此认为方案 Ⅱ 最佳。方案 Ⅲ 在堑沟巷道顶底板垂直位移、出矿巷道顶底板垂直位移和塑性区体积五个指标方面优于方案 Ⅰ，平均比方案 Ⅰ 低 2.7%、2.7%、2.0%、2.2% 和 4.2%，而方案 Ⅰ 只在锐角区、钝角区水平位移和最大主应力三个指标方面优于方案 Ⅲ，平均比方案 Ⅲ 低 2.4%、1.3% 和 0.7%，因此认为方案 Ⅲ 优于方案 Ⅰ。

最终综合评价认为，矿山堑沟巷道和出矿巷道交岔点的最优开挖顺序为：先开挖靠近钝角区的堑沟巷道，再开挖出矿巷道，最后开挖靠近锐角区的堑沟巷道。

8.5 出矿巷道间距

阶段留矿采矿法难以像无底柱分段崩落法那样"转段回收"（上中段残留的矿石在下中段进行回收），一是因为上下中段的出矿巷道不一定能形成交错布置；二是因为采场顶板主要靠采场留矿来支撑，随着采场矿石的大规模放出，顶板失稳下落，而下盘的矿石流动性较差，很容易因上盘围岩的混入而被截断，形成永久损失。因此本中段的矿石要尽可能在本中段进行回收，即尽可能减小出矿巷道间距。但是，巷道开挖后周围一定区域内应力将重新分布[91]，如图 8-33 所示。

由图 8-33 可知，若间距过小，则出矿巷道会处于彼此的应力升高区（图中 BD 段），导致出矿巷道的稳定性变差，进而导致巷道支护工程量增加。因此，出矿巷道间距问题的本质是在矿石回收率和出矿巷道稳定性间取得平衡。

本节先通过实验室相似物理放矿实验测定反映矿山矿石流动规律的移动边界系数和移动迹线指数，获得特定放出高度下矿石放出椭球体的短轴参数，然后按

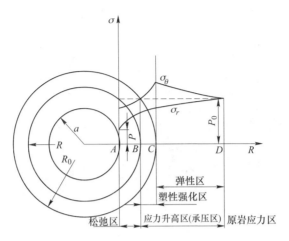

图 8-33　巷道围岩应力分布规律

照椭球体空间相切排列求得理论上的出矿巷道间距，最后通过数值模拟对出矿巷道的稳定性进行分析。

8.5.1　矿石流动规律

8.5.1.1　实验材料制备与装填

相似物理实验必须满足几何相似、物料相似和物料级配相似的要求，因此实验所用的散体颗粒全部由现场矿石按照 1∶50 的相似比例破碎而成，粒径级配与现场一致，见表 8-3。

表 8-3　矿石粒度及配比

现场矿石粒径 d/mm	实验室矿石粒径 d/mm	占总量百分比/%
$0<d\leqslant100$	$0<d\leqslant2$	40.5
$100<d\leqslant300$	$2<d\leqslant6$	55.7
$300<d\leqslant500$	$6<d\leqslant10$	3.8

按照椭球体放矿理论，放出体是一个旋转对称的椭球体，因此放矿口布置在模型下盘边界以减小模型尺寸。为避免模型边界影响矿石放出体的发育，经计算，模型厚 50cm，宽 50cm，高 1.2m。放矿口尺寸为 4.4cm×4.8cm，模拟 2.2m×2.4m 的放矿口。为模拟现场采场真实形态下的椭球体形态，实验模型倾斜布置，底板和顶板与水平面夹角为 60°（矿体平均倾角），实验模型外观如图 8-34 所示。

矿石装填高度 1m，矿石中垂直间隔 5cm 布置一层直径 5mm 的黄色标记颗粒，标记颗粒上面书写数字编码以记录其空间位置。标记颗粒也由现场矿石制

图 8-34 装填完毕的实验模型

成，以保证其与矿石颗粒的运动规律相同。标记颗粒间距为 2.5cm，通过坐标板摆放。为防止模型下部的散体颗粒在上部散体颗粒的压力下发生沉降而导致标记颗粒的位置发生移动，每一层矿石颗粒都要装填密实。标记颗粒摆放如图 8-35 所示。

图 8-35 标记颗粒摆放图

8.5.1.2 放出体参数测定

根据放出的标记颗粒圈绘出放出体轮廓，沿进路方向和垂直进路方向这两个典型的放出体剖面如图 8-36 所示，其中垂直进路方向放出体剖面右半部分由左半部分对称而得。

量取放出体的参数，按照 1∶50 的相似比例折算成放出体的实际尺寸，见表 8-4。

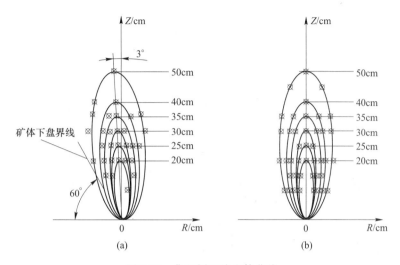

图 8-36 典型剖面放出体曲线

(a) 沿进路方向；(b) 垂直进路方向

表 8-4 矿石放出体实际参数

放出高度 H/m	a 轴/m	b 轴/m	c 轴/m	b 轴偏心率 ε_b	c 轴偏心率 ε_c	轴偏角 $\theta/(°)$
10	5	1.96	1.98	0.91997	0.91825	3
12.5	6.25	2.33	2.22	0.92791	0.93479	3
15	7.5	2.72	2.59	0.93192	0.93848	3
17.5	8.75	3.03	3.01	0.93813	0.93897	3
20	10	3.23	3.41	0.94640	0.94006	3
25	12.5	3.88	3.91	0.95061	0.94982	3

注：a 为放出体长半轴；b 为半轴垂直出矿巷道方向；c 为半轴沿出矿巷道方向。

表 8-4 中放出体的偏心率计算方法如下[97]：

$$\varepsilon_b = \frac{\sqrt{a^2-b^2}}{a} \tag{8-5}$$

$$\varepsilon_c = \frac{\sqrt{a^2-c^2}}{a} \tag{8-6}$$

放出体的高度与偏心率存在以下关系：

$$1-\varepsilon^2 = KH^{-n} \tag{8-7}$$

式中，K 为移动边界系数；n 为移动迹线指数，都是与矿岩性质和放矿条件有关的待求常数[98]。

对表 8-4 中的偏心率进行回归分析，得到短半轴 b 和短半轴 c 的偏心率回归方程，偏心率回归曲线如图 8-37 所示。

$$\begin{cases} 1-\varepsilon_b^2 = 0.50862H^{-0.51363} \\ 1-\varepsilon_c^2 = 0.42692H^{-0.45447} \end{cases} \tag{8-8}$$

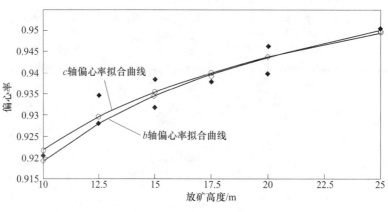

图 8-37　偏心率回归曲线

8.5.2　出矿巷道间距理论计算

一般认为，空间上纯矿石放出体相切时矿石的损失贫化率最小，即采场结构参数最优[97]。据这一原理，放出体有大间距和高分段两种排列方式[99]，如图 8-38 所示。

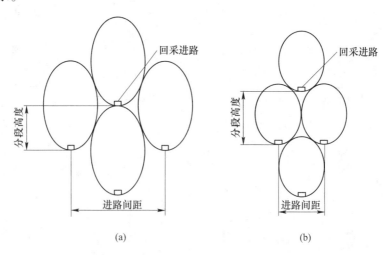

(a)　　　　　　　　　　　(b)

图 8-38　放出体相切排列方式

（a）大间距排列；（b）高分段排列

矿山采用阶段留矿采矿法，采场回采完毕后进行阶段放矿，放矿高度 H 为 50m，结合图 8-38，放出体按照高分段排列更为可行。按照放出体高分段排列方式，分段高度 h 和进路间距 B 有如下关系[97]：

$$\frac{h}{B} = \frac{\sqrt{3}}{2} \frac{a}{b} \tag{8-9}$$

将放出高度 $H = 50m$，短轴 $a = 25m$ 代入式（8-5）和式（8-8），求得 $b = 6.53m$，将 $b = 6.53m$ 代入式（8-9），求得进路间距 $B = 15.1m$。

8.5.3 数值模拟及结果分析

理论计算的出矿巷道间距为 15.1m，按照"本中段矿石尽量在本中段回收"的原则，实际的出矿巷道间距应小于 15.1m。为使各出矿巷道负担的出矿面积大体一致，取进路间距 $B = 10m$（方案 I）和 $B = 12.5m$（方案 II）两种方案进行数值模拟。以方案 II 为例，数值模型长、宽、高分别为 40m、25m、25m，共有 38376 个节点，72080 个单元，去除部分围岩后的数值模型如图 8-39 所示。

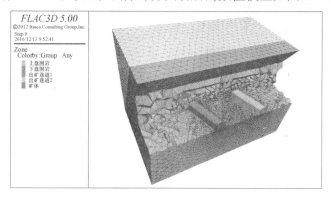

图 8-39 方案 II 数值模型

（1）位移特征。两种比较方案的垂直位移和水平位移见图 8-40 和图 8-41。

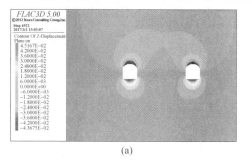
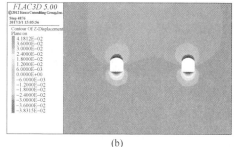

(a)　　　　　　　　　　　　　　(b)

图 8-40 两种比较方案的垂直位移

（a）方案 I；（b）方案 II

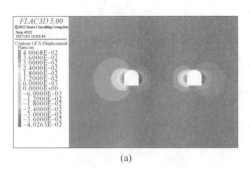 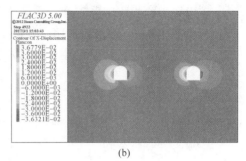

(a)　(b)

图 8-41　两种比较方案的水平位移
(a) 方案 Ⅰ; (b) 方案 Ⅱ

(2) 应力特征。两种比较方案的垂直应力见图 8-42。

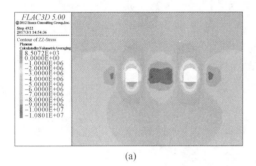 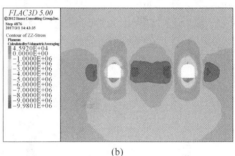

(a)　(b)

图 8-42　两种比较方案的垂直应力
(a) 方案 Ⅰ; (b) 方案 Ⅱ

(3) 塑性区特征。两种比较方案的塑性区分布见图 8-43。

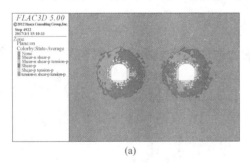 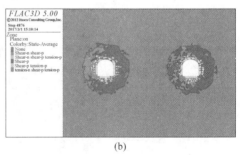

(a)　(b)

图 8-43　两种比较方案的塑性区分布
(a) 方案 Ⅰ; (b) 方案 Ⅱ

由图 8-40 ~ 图 8-43 可知, 方案 Ⅰ 的顶板位移为 4.37cm, 底板位移为 4.52cm, 侧帮位移为 4.01cm, 垂直应力为 10.80MPa; 方案 Ⅱ 的顶板位移为

3.83cm，底板位移为 4.18cm，侧帮位移为 3.65cm，垂直应力为 9.98MPa，分别比方案 I 小 12.4%，7.5%，9.0% 和 7.6%。方案 I 的塑性区体积为 267.8m³，方案 II 的塑性区体积为 210.5m³，比方案 I 小 21.4%。可见，方案 II 的巷道稳定性要明显好于方案 I。

从矿石回收率上看，方案 I 要优于方案 II，但方案 I 的巷道稳定性要明显低于方案 II。鉴于方案 II 的进路间距为 12.5m，已经小于椭球体放矿理论计算的理论值 15.1m，矿石回收率能够得到保证，巷道稳定性也明显优于方案 I（10m）。因此，综合考虑认为，矿山出矿巷道间距取 12.5m 较为合适。

8.6　出矿巷道布置形式和开挖顺序

当矿体厚度超过 15m 时，采场底部结构必须采用双堑沟形式才能有效集矿，本节对出矿巷道群的布置形式和开挖顺序进行研究。

8.6.1　方案设计

出矿巷道可对称布置和交错布置，可以单侧连续开挖和双侧交替开挖，因此拟定了 4 种比较方案，如图 8-44 和图 8-45 所示，数值模型划分约 130 万个单元。

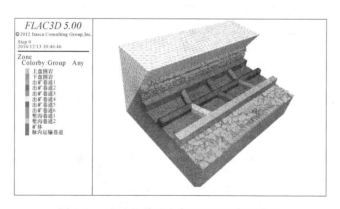

图 8-44　出矿巷道对称布置开挖顺序示意图

方案 I：出矿巷道对称布置，单侧连续开挖，即出矿巷道 1→出矿巷道 2→出矿巷道 3→出矿巷道 4→出矿巷道 5→出矿巷道 6。

方案 II：出矿巷道对称布置，两侧交替开挖，即出矿巷道 1→出矿巷道 4→出矿巷道 2→出矿巷道 5→出矿巷道 3→出矿巷道 6。

方案 III：出矿巷道交错布置，单侧连续开挖，即出矿巷道 1→出矿巷道 2→出矿巷道 3→出矿巷道 4→出矿巷道 5→出矿巷道 6。

方案 IV：出矿巷道交错布置，两侧交替开挖，即出矿巷道 1→出矿巷道 4→

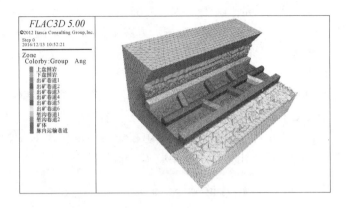

图 8-45 出矿巷道交错布置开挖顺序示意图

出矿巷道 2→出矿巷道 5→出矿巷道 3→出矿巷道 6。

8.6.2 计算结果及分析

四种比较方案的位移、最大主应力、塑性区分布如图 8-46~图 8-50 所示。

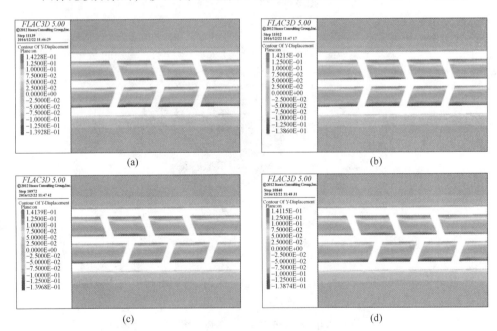

图 8-46 堑沟巷道和脉内运输巷道水平位移
（a）方案Ⅰ；（b）方案Ⅱ；（c）方案Ⅲ；（d）方案Ⅳ

将四种比较方案的位移、最大主应力、塑性区体积进行汇总，见表 8-5。

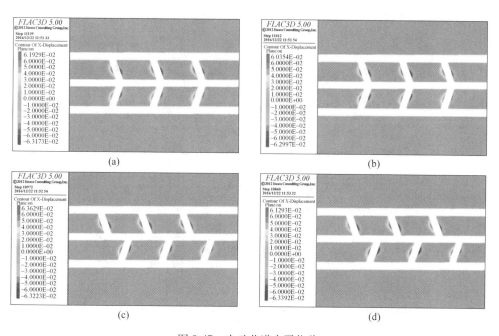

图 8-47 出矿巷道水平位移

（a）方案Ⅰ；（b）方案Ⅱ；（c）方案Ⅲ；（d）方案Ⅳ

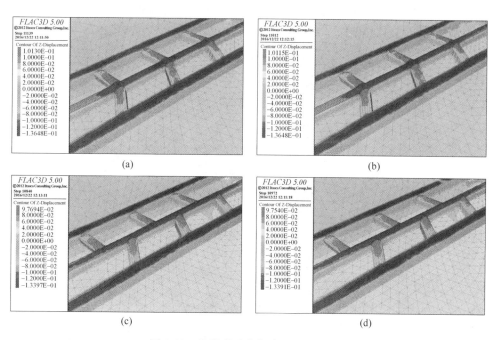

图 8-48 巷道群垂直位移（透视云图）

（a）方案Ⅰ；（b）方案Ⅱ；（c）方案Ⅲ；（d）方案Ⅳ

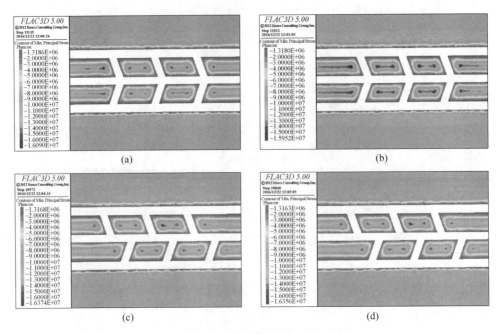

图 8-49 巷道群最大主应力
（a）方案Ⅰ；（b）方案Ⅱ；（c）方案Ⅲ；（d）方案Ⅳ

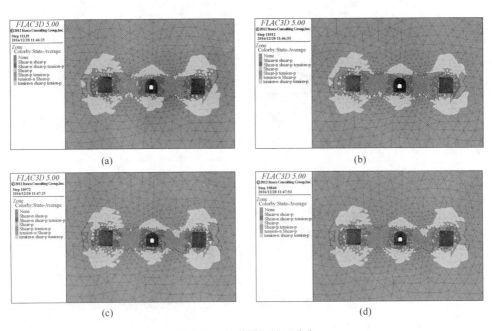

图 8-50 巷道群塑性区分布
（a）方案Ⅰ；（b）方案Ⅱ；（c）方案Ⅲ；（d）方案Ⅳ

表 8-5 四种比较方案的各项统计指标

比较方案	主巷水平位移/cm	支巷水平位移/cm	巷道群顶板位移/cm	巷道群底板位移/cm	塑性区体积/m³	最大主应力/MPa
方案 I	14.08	6.26	13.65	10.13	4525.6	16.09
方案 II	14.04	6.17	13.65	10.12	4491.9	15.95
方案 III	14.05	6.34	13.40	9.77	4254.1	16.37
方案 IV	14	6.23	13.40	9.75	4183.5	16.36

分析表 8-5 可知：

（1）从出矿巷道布置形式上看（比较方案 I 和方案 III，或者方案 II 和方案 IV），除支巷水平位移和最大主应力两个指标外，其余指标均是交错布置优于对称布置，且在巷道群底板位移和塑性区体积方面，交错布置明显优于对称布置。因此，综合比较认为，出矿巷道交错布置优于对称布置。

（2）从出矿巷道开挖顺序上看（比较方案 I 和方案 II，或者方案 III 和方案 IV），所有统计指标都表明，出矿巷道两侧交替开挖优于单侧连续开挖。

（3）出矿巷道布置形式和开挖顺序综合起来看（比较方案 I、方案 II、方案 III 和方案 IV），方案 IV 在主巷水平位移、巷道群顶底板位移和塑性区体积方面占优，且在巷道群底板位移和塑性区体积方面明显优于其他方案。因此对于双堑沟的底部结构，出矿巷道交错布置、两侧交替开挖对底部结构稳定性最为有利。此外，从放矿的角度看，出矿巷道交错布置比对称布置更有利于提高矿石的回收率。

8.7 采场底部结构稳定性控制技术

采用合理的巷道断面形状和交岔点开挖顺序，优化出矿巷道间距、布置形式和开挖顺序，都是为了改善采场底部结构的受力状态。由于该矿山矿岩自身强度低，围岩表现出大变形的特点，采用工程优化措施后围岩变形仍然较大，因此要保证底部结构的稳定，还需研究适合围岩大变形的支护方式。

8.7.1 支护对象

该矿山脉内运输巷道与水平最大应力方向垂直，在采场底部结构巷道群中变形破坏最为严重。结合矿山目前的开采进度，选取 850m 中段脉内运输巷道进行支护技术的研究。根据 8.3.4 节的研究结果，脉内运输巷道顶板、底板和侧帮矢跨比分别为 0.33、0.2 和 0.09 时，对控制巷道变形最为有利，因此支护技术研究在此优化巷道断面形状的基础上进行。

8.7.2 目前支护方式存在的主要问题

目前 850m 中段脉内运输巷道支护采用 16 号工字钢制成的三心拱架，间距 0.3m，支架之间用槽钢焊接，支架与围岩之间较大的空隙用圆木填充，支架两脚用槽钢承接以防下陷，巷道底板不支护。这种支护方式主要存在以下问题：

（1）钢支架受力差，巷道局部区域易产生应力集中。支架与围岩之间较大的空隙用圆木填充，如图 8-51 所示。这种支护方式不可避免地造成支架与围岩呈随机的点、线接触，从而使支架承受不均匀的集中荷载，也容易在巷道局部区域产生应力集中，导致支架和巷道围岩都容易破坏。

图 8-51 支架壁后圆木填充

（2）支架与围岩的不耦合间隙过大，不能形成支架-围岩共同承载体系。矿山在实际操作过程中，支架与围岩之间较大的空隙用圆木填充，2~4cm 的小空隙则未作任何处理，如图 8-52 所示。而即便是 2~4cm 的空隙也远远超过了岩体的弹性变形，支架只能在巷道围岩发展至塑性变形阶段甚至发生垮落后，才能被动地对围岩提供支护抗力。

破碎岩体仍具有一定的自承能力，支架的作用就是维持围岩的自承能力，与围岩协调变形，防止围岩离层和掉块，限制松动破裂区的发展，与围岩共同承载。支架若能及时对巷道围岩施加支护抗力，则可以形成支架-围岩共同承载体系，共同承担围岩压力。相反，支架若不能及时对巷道围岩施加支护抗力，则巷道周边松动破裂区将不断扩大，围岩的自承能力不断下降，巷道周边围岩发生松动、掉块，支架将承受散体压力和原岩压力的双重作用，若支架失效则松动破裂区继续扩大，最终导致巷道完全破坏。

上述两点，既有支护方式的问题，也有巷道掘进的问题。矿山巷道掘进未实

图 8-52 支架壁后未作处理的小空隙

施光面爆破，导致巷道毛断面粗糙不平，既不利于后续支护，也容易使巷道产生应力集中。

（3）钢支架结构稳定性差，未对两帮形成有效支护。支架与围岩的不耦合间隙过大，不能及时对两帮提供支护，加之现场在架设钢支架时未对钢支架进行"锁脚"处理，支架两脚很容易在散体压力和原岩压力的作用下被挤出。可见，现场的支护方式未对两帮形成有效支护，对帮鼓不能进行有效约束。

该矿区矿岩非常破碎，节理密度高达 180 条/m，现场超声检测表明，巷道松动圈半径超过 3m，据此判断底鼓类型为挤压流动性底鼓，即巷道顶底板和两帮围岩均十分破碎，应力升高区向岩体深部转移，底鼓主要是远端地应力挤压巷道四周的破碎围岩造成的。按照何满潮等人的"底鼓三控理论"，将底板岩层看作两端固支的梁，加固两帮后，应力峰值到巷道两帮的距离减小，则发生底鼓的底板岩梁的跨度减小，岩梁的挠曲变形减小，即底鼓量也减小[100]。可见，加固巷道两帮不仅可以控制帮鼓，对控制巷道底鼓也有约束作用。加固两帮控制底鼓的力学机制如图 8-53 所示[100]。

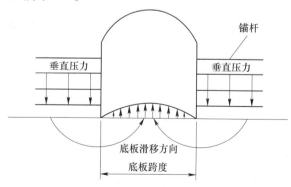

图 8-53 加固两帮控制底鼓力学机制示意图

（4）巷道底板未支护，底板变形得不到限制。巷道底板围岩软弱破碎，在两帮应力的挤压下向临空方向产生塑性流动，底鼓变形因底板未支护而得不到限制。按照何满潮等人的"底鼓三控理论"，对巷道底角施加刚性锚杆支护能减小底鼓量，其力学机制在于：一是巷道开挖后容易在底角形成剪应力集中，施加刚性锚杆提高了底角的剪切强度，能有效抵御塑性剪切滑移破坏；二是施加 45° 底角锚杆能将两帮传递到底板上的压力沿锚杆轴向和锚杆径向进行分解，减小两帮传递到底板上的作用力，从而减小底鼓量。加固底角控制底鼓的力学机制如图 8-54 所示[100]。

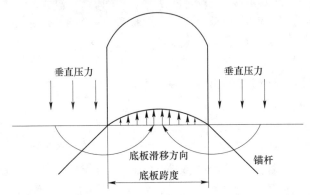

图 8-54　加固底角控制底鼓力学机制示意图

（5）巷道围岩未封闭，岩体强度不断降低。巷道围岩未进行封闭，直接与空气和水气接触，岩体不断风化，特别是围岩中含有 10%~25% 的绿泥石成分，与巷道底板积水长期接触后岩体强度持续降低。

8.7.3　软弱破碎大变形围岩支护原则

研究表明，当巷道位置已经确定、围岩软弱破碎的条件下，针对大变形巷道的支护应遵循以下原则[101]：

（1）在巷道掘进后及时对围岩进行支护，缩短围岩的暴露时间，减小围岩的初期变形。针对围岩变形较大的特点，巷道支护应采用"二次支护"工艺，即紧跟掘进工作面采用柔性支护结构进行一次支护，滞后工作面一定距离再采用具有较大刚度的支护结构进行二次支护，使巷道在一次支护后围岩有一定的应力释放，减少二次支护的压力。

（2）巷道支护结构应具有适当的可缩性，以减少围岩作用在支护结构上的形变压力。

（3）及时封闭围岩，减少水对松散岩层的风化和软化作用，以保持围岩的自稳能力。

（4）采用巷道全断面封闭支护或强力支护。

（5）地压特别强烈时采用松动爆破、底板切槽等卸压措施。

8.7.4 基于联合支护理论的支护方式选择及作用机理分析

研究结果表明，该矿区巷道围岩的变形破坏跟支护结构与围岩不耦合、巷道底板未支护、支护结构稳定性差、巷道围岩未封闭等有很大关系，单纯采用钢架支护不能有效控制巷道变形。大量的研究和工程应用表明，多种支护方式的联合和耦合，是解决软弱破碎围岩支护的有效途径。

支护形式的选择既要考虑支护对控制围岩变形的有效性，还要考虑工程施工的简单易行性。按照"联合支护"理论和软岩支护"先柔后刚"的原则，以及各类支护技术的特点和适用范围，选择"喷锚网+全断面钢架+支架壁后袋装充填圈"的支护形式，基本思路为：巷道开挖后立即全断面喷射一层混凝土，在初喷混凝土破坏之前，及时进行挂网和锚杆支护，架设全断面钢支架，钢支架与巷道周边的空隙用袋装充填圈填充，最后再全断面喷射一层混凝土。各支护形式的作用机理如下。

（1）初喷混凝土支护。巷道开挖后立即全断面喷射一层混凝土。初喷混凝土支护主要起以下作用：

1）隔绝作用。初喷混凝土层封闭了围岩表面，完全隔绝了空气、水气与围岩的接触，能有效地防止风化、潮解引起的围岩破坏和剥落。同时，混凝土能够进入围岩裂隙，使裂隙深处原有的充填物不致因风化作用而降低强度，也不致因水的作用而使得原有充填物流失，从而使围岩保持原有的强度和稳定。

2）提高巷道围岩强度。由于喷射混凝土的喷射速度较高，能充分地充填围岩节理、裂隙，起到粘接作用，从而提高围岩强度。

3）改善围岩的受力状态。喷射混凝土能够将围岩表面凹凸不平处填平，形成一个光滑曲面，消除岩面不平引起的应力集中，从而避免应力集中引起的围岩破坏。同时，喷射混凝土具有较高的抗压强度（20MPa以上），加入速凝剂后能及时给围岩提供支护力，使围岩表面由二向应力状态转变为三向应力状态。此外，喷射混凝土能够与围岩表面紧密贴合，使喷层和围岩形成一个协调的共同作用的力学系统，允许围岩有少量的变形以释放地压。

（2）锚网支护。在初喷混凝土破坏之前，及时进行挂网和锚杆支护。金属网和锚杆的作用如下：

1）金属网。金属网的作用一是维护锚杆间比较破碎的岩石，防止岩块掉落；二是提高锚杆支护的整体效果，抵抗锚杆间破碎岩块的碎胀压力，提高支护对围岩的支撑能力；三是提高喷射混凝土的柔性，防止喷射混凝土开裂、掉块。

2）锚杆。按照锚杆作用的悬吊理论，锚杆应穿过巷道松动圈，锚固在完整岩体中。现场超声检测表明，矿山巷道松动圈半径超过 3m，因而锚杆长度应大于 3m。因此，不宜采用悬吊理论进行锚杆支护设计。

　　锚杆用于软弱破碎围岩的支护，一般采用组合拱理论进行计算。松动岩体中，在单根锚杆的约束下可以形成一个锥形压密区，间距布置得当时，锚杆群在围岩中形成的双锥形压缩区相互重叠，则能够形成一个连续的、相互重合的层状锚固体，通常称之为"锚固层"。当巷道形状为拱形时，该"锚固层"呈拱形，称之为裂隙岩体"组合拱"，组合拱理论示意图如图 8-55 所示[102]。

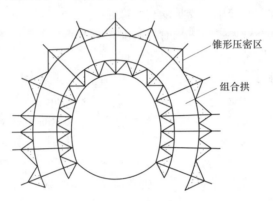

锥形压密区

组合拱

图 8-55　群体锚杆形成的组合拱

　　采用组合拱理论时，锚杆长度由式（8-10）计算[102]：

$$L = \frac{t \cdot \tan\alpha + \alpha}{\tan\alpha} \tag{8-10}$$

式中，L 为锚杆有效长度，m；t 为组合拱厚度，m；α 为锚杆对破裂岩体的控制角，一般取 45°；α 为锚杆间排距，m。

　　式（8-10）化简为 $t = L - \alpha$，组合拱厚度一定时，可以有长锚杆、大间距和短锚杆、小间距两种组合。从现场施工的角度看，选用长锚杆大间距，则锚杆间的岩块不易维护，在大的变形压力下容易鼓出、掉落、破坏。如果锚杆间排距过小，锚杆间的松动岩块虽然容易维护，但打眼、安装锚杆的工作量却大大增加。一般经验认为，软弱破碎围岩喷锚支护，锚杆间排距不应小于 0.5m，也不应大于 0.8m[102]。

　　（3）全断面钢支架。钢支架具有强度和刚度大的特点，能够有效限制围岩的有害变形。全断面钢支架在巷道底板处增加了一根底梁，并与支架两脚和顶拱连为一体，提高了支架两脚的结构稳定性，加强了对巷道两帮的支护。同时，底梁的存在也限制了巷道底板的位移，对控制巷道底鼓也有积极作用。因此，全断面钢支架能够比较均匀地控制围岩变形，对围岩形变压力有较好的承受能力。

　　（4）支架壁后袋装充填圈。消除钢支架与巷道周边的空隙是形成支架-围岩共同承载体系的关键，本书设计钢支架与巷道周边的空隙用袋装充填圈填充。严格地讲，支架壁后袋装充填圈并不属于支护方式，而是属于钢架支护的附属物，但其在钢架支护中占有相当重要的地位。支架壁后袋装充填圈的实质是利用事先准备好的装于袋内的聚氨酯树脂与松散料（木屑、锯末、岩粉等）混合后的体积增大效应，直接在掘进工作面处实现支架与岩体的可靠接触，起到使支架均匀受力和耦合支护的作用，同时支架壁后袋装充填圈具有一定的可缩性，在一定程度上还可起到让压的作用。与目前的圆木填充相比，支架壁后袋装充填圈具有节省木材、施工简便、能够适应支架壁后不同大小的空隙、及时发挥钢支架的支护抗力等优点。

（5）复喷混凝土。锚网和钢架架设完成后，进行第二次喷射混凝土支护，使锚杆、钢筋网和钢支架成为一体，增强支护系统的整体性，同时防止锚杆、托盘和钢架受到腐蚀。

通过理论计算和工程类比，采用的支护参数见表 8-6。

表 8-6　巷道支护形式和参数

支护形式	支 护 参 数
初喷混凝土	全断面支护，厚度 5cm，强度等级 C20
钢筋网	HPR300 钢筋制成，钢筋直径 6mm，网格间距 15cm×15cm
锚杆	20MnSi 钢制成，有效长度 1.5m，间距 0.5m，排距 0.5m，快硬水泥卷锚固
复喷混凝土	全断面支护，厚度 5cm，强度等级 C20
钢支架	全断面支护，16 号工字钢制成，间距 0.5m，支架之间用槽钢焊接以保证稳定

8.7.5　数值计算结果及分析

数值计算时，锚杆用 cable 单元模拟，钢支架用 beam 单元模拟，喷射混凝土用实体单元模拟。为减少建模工作量，钢筋网的作用统一在复喷混凝土中进行考虑，其原理为将钢筋网的弹性模量折算进复喷混凝土中，折算方法为[103]：

$$E = E_0 + \frac{A_g E_g}{A_c} \tag{8-11}$$

式中，E 为考虑钢筋网作用后的复喷混凝土的弹性模量，GPa；E_0 为复喷混凝土的弹性模量，GPa；A_g 为钢筋网的截面积，m^2；E_g 为钢筋网的弹性模量，GPa；A_c 为复喷混凝土的截面积，m^2。

巷道支护数值模型如图 8-56 所示。

巷道开挖后，原岩应力被破坏，巷道周边岩体产生卸载，释放一部分应力，形成新的应力平衡。研究表明，应力释放率对围岩稳定性、支护结构受力及支护时机判断的影响显著。矿山地应力较大，若在数值模拟中不考虑应力释放，会导

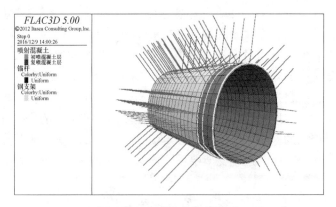

图 8-56 巷道支护数值模型

致数值模拟时支护体受力高于实际水平。

在巷道开挖的数值模拟过程中，一般通过在开挖面上施加相应比例的应力荷载来实现释放部分围岩应力[104]。虽然从初喷混凝土支护到锚网支护，再到全断面钢支架支护和复喷混凝土支护，巷道也一直在进行应力释放，但这些支护工作基本是在巷道开挖后的很短时间内完成的，因此数值模拟只考虑巷道开挖后的应力释放，不考虑支护进行过程中产生的应力释放。根据经验，巷道开挖过程中的应力释放率取 30%[105]。

支护完成后，巷道围岩位移如图 8-57 和图 8-58 所示。

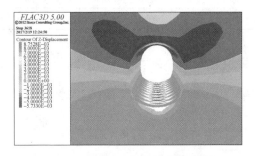

图 8-57 支护后巷道垂直位移

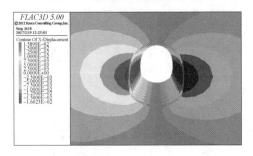

图 8-58 支护后巷道水平位移

由图 8-57 和图 8-58 可知,脉内运输巷道采用"喷锚网+全断面钢架+支架壁后袋装充填圈"的支护形式后,巷道顶板下沉量为 5.7mm,底板上移量为 8.8mm,巷道帮鼓量为 1.6cm,能够保证脉内运输巷道的稳定。

8.8 本章小结

本章以某矿区 850m 中段采场为例,对不同底部结构开挖方案进行了稳定性分析,人为最优的开挖顺序为先开挖靠近钝角区的堑沟巷道,再开挖出矿巷道,最后开挖靠近锐角区的堑沟巷道。通过放矿实验与数值模拟,确定了最佳的放矿进路间距为 12.5m。

对于双堑沟的底部结构,出矿巷道交错布置、两侧交替开挖对底部结构稳定性最有利。此外,从放矿的角度看,出矿巷道交错布置比对称布置更有利于提高矿石的回收率。通过理论计算与数值模拟,得出"喷锚网+全断面钢架+支架壁后袋装充填圈"的支护形式能有效控制巷道变形,保障采场安全。

9 工程实例

9.1 矿山地质概况

某金矿矿体赋存于上三叠统鄂拉山组第二岩性段蚀变凝灰岩中，呈脉状、似层状，矿体走向与地层基本一致。该金矿共 30 条矿脉，其中具有工业品位矿体 18 条、低品位矿 12 条。采矿方法的设计实施于 850m 中段 M_5、M_6、M_7、M_8、M_9、M_{10} 矿体 3~8 号勘探线间。该中段矿体赋存长度 320m，倾向延伸 220m，总体产状：走向 245°，倾角 60°，平均厚度 3.03m，平均视水平厚度 3.5m，厚度变化系数 63.51%，倾向方向厚度变化相对稳定。矿区内围岩广泛分布晶屑凝灰岩，主要含矿岩性为蚀变凝灰岩，具有明显的硅化、金属矿化，以黄铁矿化、褐铁矿化、磁黄铁矿化为主，局部见黄铜矿化，总体地质情况良好。随着深度增加，风化裂隙减少，岩芯较完整，岩石质量指标 RQD 值 62%~95%，岩石单轴饱和抗压强度 67.6~158.5MPa，岩体较完整，矿层顶底板稳固性较好。

9.2 集群采矿方法设计

9.2.1 采场布置

由于矿脉群厚度存在变化系数，且多矿脉间近似平行，针对矿体厚度小于4m 的部分采用深孔分段空场上向嗣后充填采矿法，矿体厚度大于 4m 的部分采用浅孔水平分层上向连续充填采矿法。当相邻矿体间距小于 5m 时，应注意上下盘交错布置，若两矿体间距过近，则可进行合采，合采过程中应注意出矿的损失率与贫化率。

采场长度 10m，采场平均宽度 4m，阶段高度 50m，该中段内采准工程布置 1 条阶段运输巷道，1 条分段运输巷道，48 条联络道，48 个底部拉槽，2 条斜坡道，2 条溜矿井。采准工程量如表 9-1 所示。

9.2.2 采场通风

多矿脉集群开采过程形成的采场较多，易发生中段串风、通风紊乱等问题，因此要做好集群采矿多采场通风。开采过程首先开采下分段，后开采上分段。对于独头巷道采用局扇通风，将洗刷采场的污风直接排入上分段回风巷道。对于正在

表 9-1 采准工程量

巷道名称	数目	巷道断面（高×宽）	巷道长度/m			工程量/m³		
			单长	共长	标准米①	矿石	废石	合计
阶段运输巷道	1	3×3	250	250	562.5	0	2250	2250
分段运输巷道	1	2.5×3	250	250	468.75	0	1875	1875
斜坡道	2	2.8×3	158	316	331.8	0	2654.4	2654.4
联络道	48	2.5×3	15	720	28.125	0	5400	5400
底部拉槽	48	5×10	3.5	168	43.75	8400	0	8400
溜矿井	2	2×2	54.8	109.6	54.8	0	438.4	438.4
合计			731.3	1813.6	1489.725	8400	12617.8	21017.8

① 标准米为巷道断面为 2m×2m，如果巷道断面 3m×3m，换算标准米为（3m×3m）/（2m×2m）。

开采的采场，由阶段运输巷道通入新鲜风洗刷采场，排入上分段的阶段（分段）运输巷道；每一阶段（分段）运输巷道同时只有一个采场回风，因此在通风时做好已回采采场的封堵，防止开采过程新鲜风流流入其他已回采结束采场。

9.2.3 主要技术经济指标

工业试验统计结果表明，方法一采场平均贫化率 9.51%，损失率 7.98%，平均生产能力为 87t/d；方法二采场贫化率 8.37%，损失率 7.53%，采场平均生产能力达到 71t/d，中段生产能力能达到 422t/d。相比于该金矿原采用的浅孔留矿法（贫化率 13.57%，损失率达 18.61%，采场生产能力 69t/d），两种集群采矿方法大幅度降低了采矿损失率、贫化率，并提高了采场生产能力。两种集群采矿法与原采矿方法的主要技术经济指标比较见图 9-1 与表 9-2。

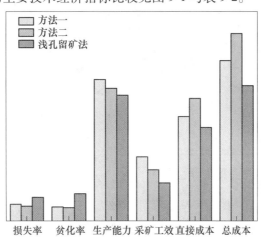

图 9-1 主要经济技术指标对比

表 9-2 主要技术经济指标

项 目	方法一	方法二	浅孔留矿法
贫化率/%	9.51	8.37	13.57
损失率/%	7.98	7.53	15.61
生产能力/t·d⁻¹	87	71	69
采矿工效/t·(工·班)⁻¹	36.7	29.3	21.8
直接成本/元·t⁻¹	59.88	70.27	53.61
采矿总成本/元·t⁻¹	91.92	107.46	77.51

9.3 集群采场顶板安全跨度

以该金矿 850m 中段 38 号采场为例,根据顶板计算所得安全跨度进行采场布置,采场长度 18m,倾角 65°,采场宽度 5m,回采过程中采场顶板基本处于稳固状态,除有较小范围岩体碎裂外,整体稳定性较好,采场顶板情况如图 9-2 所示,局部破碎范围与顶板跨度之比为 $\delta = 30/(18 \times 100) \approx 1.67\%$。实例分析表明,采用数学计算方法与数值模拟可以较好得到采场顶板最大安全跨度。

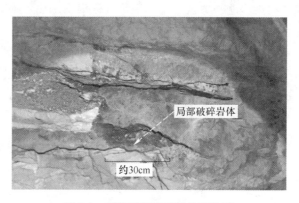

图 9-2 顶板局部破碎岩体实拍图

9.4 集群回采顺序

9.4.1 集群回采位移监测工程布置

为监测上盘围岩变形,于 M_5 矿体上盘围岩中,M_7、M_8 及 M_9、M_{10} 矿体间围岩布置 6 个三点钻孔伸缩仪(位于钻孔 4345B,4345C,4345F,4345G,4345J 和 4345L 处),具体位置如图 9-3 所示。钻孔直径为 40mm,长度为 30m,沿着观察孔 10m 和 30m 监测两点的变形量，例如，4345B10、4345B30 代表观测点 B 处 10m、30m 两个测量点。数据读取器收集钻孔伸缩仪汇聚信号，然后传送到处理器。

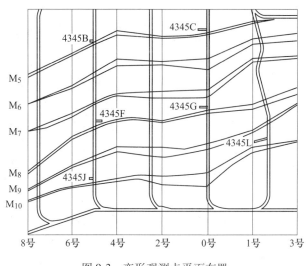

图 9-3   变形观测点平面布置

9.4.2   回采过程位移监测结果

根据数据读取器收集钻孔伸缩仪的汇聚信号，为了较全面地分析回采过程中上盘围岩沉降位移情况，连续记录 6 个观测点为期 21 周的位移与应力变化量，位移变化如图 9-4~图 9-9 所示。

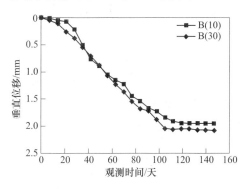

图 9-4   B 处上盘围岩垂直位移曲线

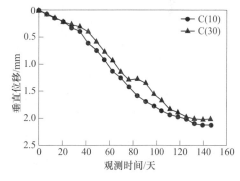

图 9-5   C 处上盘围岩垂直位移曲线

9.4.3   集群回采结果分析

随着回采过程的进行，上盘围岩的垂直位移在前 3 周缓慢增加，4~17 周大

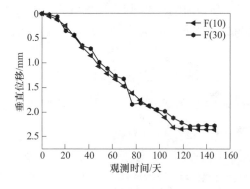

图 9-6　F 处上盘围岩垂直位移曲线

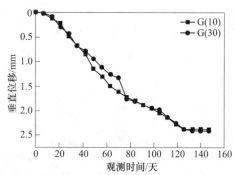

图 9-7　G 处上盘围岩垂直位移曲线

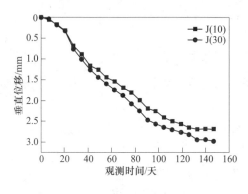

图 9-8　J 处上盘围岩垂直位移曲线

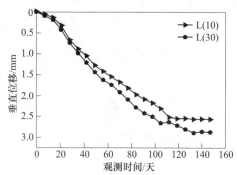

图 9-9　L 处上盘围岩垂直位移曲线

幅度增长，18 周后最终趋于稳定。在 J(30) 伸缩仪点上，上盘围岩最大位移约为 2.9mm。以最大变形测量点 J(30) 为例，相应的变形率为（$\delta =$ 顶柱变形量/顶柱厚度）：$\delta_{D30} = 2.97/(90\times1000) \approx 0.0033\% < 0.1\%$，该值小于第 5 章数值模拟的计算结果（0.0126%）。在数值模拟中，顶柱保留安全系数约为 0.0126/0.0033 ≈ 3.81。实测结果表明：由于相邻回采工作面间存在多重采动影响原连续体稳定性，使连续体的稳定结构转化为非连续-散体结构，则 M_7、M_8 以及 M_9、M_{10} 矿体之间的围岩变形明显大于 M_5 上盘围岩。随着 M_8、M_9、M_{10} 矿体上工作面推进，可能导致已破坏岩层的非连续-散体结构活化，使采场顶板岩体发生较大形变，若采场围岩强度或支护不足以抵抗围岩释放积聚的能量，将导致采场小范围围岩块失稳掉落。同时，上述分析表明：回采过程应加强下盘采场围岩的监测，对于可能出现的围岩变形较大的采场，提前做好支护工作与密切监控、中间几条矿脉充填体的位移监控，及时预测可能出现的岩体贯通破坏，最终保证多矿脉集群开采的安全与高效进行。

9.5 本章小结

（1）集群采矿方法工业试验结果表明，深孔分段空场上向嗣后充填采矿法贫化率9.51%，损失率7.98%，采场平均生产能力达到81t/d；浅孔水平分层上向连续充填采矿法贫化率8.37%，损失率7.53%，采场平均生产能力达到71t/d，中段生产能力能达到422t/d，与普通的浅孔留矿法相比（贫化率13.57%，损失率15.61%，单个矿房生产能力72t/d），生产能力显著提高。该采矿方法推进机械化开采，有助于提高矿山的产量与生产效率，降低工人的劳动强度，对其他类似矿山具有参考意义。

（2）集群采场顶板工程实例表明，采场跨度为18m时，采场顶板除小范围岩体掉落，矿房顶板整体稳定性较高，能满足矿山安全开采要求。使用数值模拟优化顶板安全跨度问题的优点是可以考虑复杂的地质条件，使计算结果更接近工程实际，有利于解决矿山顶板跨度等岩体力学问题。

（3）矿山集群接续回采实例表明，J（30）观测点的围岩变形最大，约为2.97mm，可以满足矿山安全回采要求，且下盘矿体的围岩较上盘矿体围岩变形大，回采过程中应当加强下盘围岩支护与变形监测。数值模拟结果与工程实例的结果规律基本一致，超前阶梯接续式回采顺序可以满足薄矿脉的安全回采。

10 结 论

（1）集群开采理念具有一定的包容性，从而为多矿脉地质赋存条件下矿产资源的协同、高效与安全开采提供了广泛的指导作用。针对集群开采理念的提出，集群开采技术体系设计已有部分成果完成。然而，目前相关的工作仍相对较少，对于该理论体系的充实完善仍有许多工作要做。

（2）基于集群采矿理念，提出深孔分段空场上向嗣后充填采矿法与浅孔水平分层上向连续充填采矿法均可有效提高薄矿脉群的开采效率，不留设顶、底、间柱可有效降低采矿损失率。多条矿脉群同时回采，增加回采推进速度，矿房回采结束后及时充填可防止地表塌陷，保证集群回采安全性。

（3）由于矿房形状、尺寸、岩性等极为复杂，不同方法得到计算结果相近，则能较好符合工程实际，如果计算结果相差较大，则需要进行进一步验算得到最终结果。将理论计算方法与数值模拟相结合有利于对矿房安全顶板跨度问题的解决。

（4）在 FLAC^{3D} 软件中，分别对单一采场回采时，深孔分段空场上向嗣后充填采矿法与浅孔水平分层上向连续充填采矿法的采矿过程进行数值模拟，分析不同采场参数条件下，施工后围岩的位移、应力分布与塑性区分布情况。得出利用深孔分段空场上向嗣后充填采矿法开采时，推荐矿房长度为 10m，矿柱长度为8m；利用浅孔水平分层上向连续充填采矿法开采时，推荐矿房长度为 15m。

（5）基于集群开采理论，提出超前阶梯接续式回采顺序，使多矿脉集群开采过程具有较强的协同效应，且数值模拟结果与工程实例的结果规律基本一致，该回采顺序可以满足薄矿脉群的安全、连续、高效回采。

（6）采用连续-非连续耦合分析方法，对开挖扰动下围岩的破坏机制进行了研究，通过对比分析确定了合理的采矿方法，得出自拉槽挤压爆破崩落采矿法更有利于上盘围岩的开采控制。

（7）通过对不同底部结构开挖方案进行数值模拟分析，认为矿山堑沟巷道和出矿巷道交岔点开挖方案优劣综合排序为：方案Ⅱ＞方案Ⅲ＞方案Ⅰ。对于双堑沟的底部结构，出矿巷道交错布置、两侧交替开挖对底部结构稳定性最为有利。此外，从放矿的角度看，出矿巷道交错布置比对称布置更有利于提高矿石的回收率。通过理论计算和工程类比确定了矿山脉内运输巷道的支护参数，数值计算表明，"喷锚网+全断面钢架+支架壁后袋装充填圈"的支护形式能有效控制巷道变形，保障巷道稳定。

集群采矿理念是基于其他现代采矿发展的新兴开采理念。集群采矿方法具有协同属性，对设计的多种集群采矿方法进行适用性评价，从而确定不同地质条件下最适用的集群采矿方法。集群采矿方法由于同时开采数量多，对于开采过程的通风管理较为困难，因此有必要进行集群开采通风系统优化。在进行理论计算和数值模拟时，对模型进行简化，导致计算结果有一定的偏差，随着理论模型的完善以及计算机的发展，未来可以进行更为复杂的模型计算，模拟结果将更接近真实值。

参考文献

[1] 蔡美峰. 中国金属矿 21 世纪的发展前景评述 [J]. 中国矿业, 2001, 10 (1): 11~13.

[2] 白银, 王星. 缓倾斜中厚矿体回采数值模拟分析 [J]. 现代矿业, 2015, 31 (8): 33~35.

[3] 赖伟, 肖木恩, 李文朋. 削壁充填法在开采极薄矿脉中的应用 [J]. 采矿技术, 2011, 11 (3): 9~11.

[4] 赵金萍, 熊君星. 煤炭生产中集群网络的调控应用 [J]. 煤炭技术, 2014, 33 (1): 80~82.

[5] 刘冬生, 李永辉, 顾宝华. 集群空区条件下的矿体回采的实践 [J]. 采矿技术, 2011, 11 (6): 4~5, 79.

[6] 李新, 贾智平, 鞠雷, 等. 一种面向同构集群系统的并行任务节能调度优化方法 [J]. 计算机学报, 2012 (3): 591~602.

[7] 李坤蒙, 李元辉, 徐帅, 等. 急倾斜薄矿脉无底柱分段崩落法结构参数优化 [J]. 金属矿山, 2014 (7): 1~6.

[8] 安龙, 徐帅, 李元辉, 等. 急倾斜薄矿脉深孔落矿工艺参数优化 [J]. 东北大学学报 (自然科学版), 2013, 34 (2): 288~292.

[9] 张文方, 王文丽, 王春. 马子冲锰矿急倾斜极薄矿脉采矿方法研究 [J]. 金属矿山, 2017 (5): 33~37.

[10] 戚伟, 曹帅, 宋卫东. 中深孔嗣后废石充填采矿法在急倾斜薄矿脉开采中的试验应用 [J]. 黄金, 2017, 38 (2): 30~33.

[11] 邱俊刚, 杜云龙, 刘福安. 相邻薄矿脉回采方式分析 [J]. 金属矿山, 2009 (4): 32~34.

[12] 孙春东, 杨本生, 刘超. 1.0m 极近距离煤层联合开采矿压规律 [J]. 煤炭学报, 2011, 36 (9): 1423~1428.

[13] 宋新龙, 查文华. 极近距离煤层不同采煤工艺联合开采合理错距的确定 [J]. 煤矿安全, 2014, 45 (2): 32~34.

[14] 张贵银, 薛善彬, 韩春, 等. 极近距离煤层联合开采同采工作面合理错距研究 [J]. 煤炭技术, 2015, 34 (3): 28~30.

[15] 王超, 郭忠平, 夏俊峰, 等. 极近距离煤层同采工作面合理错距的确定 [J]. 煤炭技术, 2014, 33 (7): 149~152.

[16] 李永明, 刘长友, 邹喜正, 等. 急倾斜薄煤层胶结充填开采合理参数确定及应用 [J]. 煤炭学报, 2011, 36 (S1): 7~12.

[17] 姜福兴, 张兴民, 杨淑华, 等. 长壁采场覆岩空间结构探讨 [J]. 岩石力学与工程学报, 2006 (5): 979~984.

[18] 韩志型, 王宁. 急倾斜厚矿体无间柱上向水平分层充填法采场结构参数的研究 [J]. 岩土力学, 2007 (2): 367~370.

[19] 王新民, 曹刚, 张钦礼, 等. 康家湾矿深部难采矿体采场稳定性及结构参数优化研究 [J]. 河南理工大学学报 (自然科学版), 2007 (6): 634~640.

[20] 范晓明，任凤玉，肖冬，等. 露天与地下协同开采模式与方法研究（英文）[J]. Journal of Central South University, 2018, 25 (7): 1813~1824.

[21] 张标，王珥，张家生，等. 基于极限分析和可靠度理论的双孔浅埋隧道安全净距研究（英文）[J]. Journal of Central South University, 2018, 25 (1): 196~207.

[22] Ben-Awuah Eugene, Richter Otto, Elkington Tarrant, et al. Strategic mining options optimization: Open pit mining, underground mining or both [J]. International Journal of Mining Science and Technology, 2016, 26 (6): 1065~1071.

[23] Guo G, Zha J, Wu B. Study of "3-step mining" subsidence control in coal mining under buildings [J]. Journal of China University of Mining and Technology, 2007 (3): 316~320.

[24] Guo W, Xu F. Numerical simulation of overburden and surface movements for Wongawilli strip pillar mining [J]. International Journal of Mining Science and Technology, 2016, 26 (1): 71~76.

[25] Wu H, Zhang N, Wang W, et al. Characteristics of deformation and stress distribution of small coal pillars under leading abutment pressure [J]. International Journal of Mining Science and Technology, 2015, 25 (6): 921~926.

[26] 李朝良，李应武. 近距离复杂薄矿脉群开采岩层移动规律研究 [J]. 采矿技术, 2016, 16 (3): 46~49.

[27] 程海勇，吴爱祥，韩斌，等. 露天-地下联合开采保安矿柱稳定性 [J]. 中南大学学报（自然科学版），2016, 47 (9): 3183~3192.

[28] 朱必勇，杨伟，王新民. 大规模充填体下保安矿柱规划及矿体回采顺序研究 [J]. 金属矿山, 2015 (7): 21~24.

[29] 魏学松，程海勇，张修香. 浅孔留矿法开采倾斜薄矿脉时围岩稳固性研究 [J]. 有色金属（矿山部分），2013, 65 (1): 30~36.

[30] 张海波，宋卫东，付建新. 大跨度空区顶板失稳临界参数及稳定性分析 [J]. 采矿与安全工程学报, 2014, 31 (1): 66~71.

[31] 任少峰，褚夫蛟，宋华，等. 采矿方法转变中的隔离矿柱稳定性分析 [J]. 金属矿山, 2013 (4): 71~73.

[32] 周传波，郭廖武，姚颖康，等. 采矿巷道围岩变形机制数值模拟研究 [J]. 岩土力学, 2009 (3): 654~658.

[33] 杜国栋，李晓，韩现民，等. 充填采矿法引起的地表变形数值模拟研究 [J]. 金属矿山, 2008 (1): 39~43.

[34] 彭康，李夕兵，彭述权，等. 海下点柱式开采的有限元动态模拟分析 [J]. 金属矿山, 2009 (10): 59~62.

[35] 李向阳，李俊平，周创兵，等. 采空场覆岩变形数值模拟与相似模拟比较研究 [J]. 岩土力学, 2005 (12): 1907~1912.

[36] 唐秋元，唐川，王兴宏. 采矿对甑子岩危岩稳定性影响分析 [J]. 地下空间与工程学报, 2017, 13 (S2): 818~821.

[37] 陈晓祥，谢文兵. 采矿过程数值模拟模型左右边界的确定 [J]. 煤炭科学技术, 2007 (4): 96~99, 92.

[38] 吴杰，侯克鹏. 大红山铜矿西矿段充填采矿数值模拟研究 [J]. 矿冶，2018，27 (1)：18~20.

[39] 胡倩，叶义成，柯丽华，等. 多层矿床同阶段相邻矿层安全回采顺序分析 [J]. 金属矿山，2015 (7)：11~15.

[40] 成建，武尚荣. 缓倾斜多层磷矿的采矿方法数值模拟研究 [J]. 云南冶金，2014，43 (5)：1~4, 18.

[41] 饶运章，郑长龙，汪弘，等. 龙门山矿区 L23 矿体采场结构参数的模糊综合评价优化 [J]. 中国矿业，2014，23 (12)：95~98.

[42] 李夕兵，刘志祥，彭康，等. 金属矿滨海基岩开采岩石力学理论与实践 [J]. 岩石力学与工程学报，2010，29 (10)：1945~1953.

[43] 李俊平，张浩，张柏春，等. 急倾斜矿体空场法开采的矿柱回收与卸压开采效果数值分析 [J]. 安全与环境学报，2018，18 (1)：101~106.

[44] 姜谙男，赵德孝，王水平，等. 无底柱崩落采矿大断面结构参数的数值模拟研究 [J]. 岩土力学，2008 (10)：2642~2646.

[45] Li X, Li D, Liu Z, et al. Determination of the minimum thickness of crown pillar for safe exploitation of a subsea gold mine based on numerical modelling [J]. International Journal of Rock Mechanics and Mining Sciences, 2013 (57)：42~56.

[46] Esterhuizen G S, Dolinar D R, Ellenberger J L. Pillar strength in underground stone mines in the United States [J]. International Journal of Rock Mechanics and Mining Sciences, 2011 (1)：42~50.

[47] Tesarik D R, Seymour J B, Yanske T R. Long-term stability of a backfilled room-and-pillar test section at the Buick Mine, Missouri, USA [J]. International Journal of Rock Mechanics and Mining Sciences, 2008, 46 (7)：1182~1196.

[48] Nomikos P P, Sofianos A I. An analytical probability distribution for the factor of safety in underground rock mechanics [J]. International Journal of Rock Mechanicsand Mining Sciences, 2011, 48 (4)：579~605.

[49] Chen S. Analysis on Fracture Mechanics of Unstable Rock [C] //Proceedings of Workshop 9 2016. 美国科研出版社，2016：7.

[50] Zeinab Aliabadian, Mansour Sharafisafa, Mohammad Nazemi. Simulation of dynamic fracturing of continuum rock in open pit mining [J]. Geomaterials, 2013 (3)：82~89.

[51] Zhao Z, Jia H, Peng B, et al. Tunnel surrounding rock deformation characteristics and control in deep coal mining [J]. Geomaterials, 2013 (1)：24~27.

[52] Li S, Gao M, Yang X, et al. Numerical simulation of spatial distributions of mining-induced stress and fracture fields for three coal mining layouts [J]. Journal of Rock Mechanics and Geotechnical Engineering, 2018, 10 (5)：907~913.

[53] Deliveris Alexandros V, Benardos Andreas. Evaluating performance of lignite pillars with 2D approximation techniques and 3D numerical analyses [J]. International Journal of Mining Science and Technology, 2017, 27 (6)：929~936.

[54] Huang Gang, Kulatilake Pinnaduwa H S W, Shreedharan Srisharan, et al. 3-D discontinuum

numerical modeling of subsidence incorporating ore extraction and backfilling operations in an underground iron mine in China [J]. International Journal of Mining Science and Technology, 2017, 27 (2): 191~201.

[55] Liu C, Li H, Jiang D. Numerical simulation study on the relationship between mining heights and shield resistance in longwall panel [J]. International Journal of Mining Science and Technology, 2017, 27 (2): 293~297.

[56] 钱学森. 一个科学新领域——开放的复杂巨系统及其方法论 [J]. 上海理工大学学报, 2011, 33 (6): 526~532.

[57] 陈祖爱, 唐雯, 张冬丽. 系统运行绩效评价研究 [M]. 北京: 科学出版社, 2009.

[58] 安英莉, 戴文婷, 卞正富, 等. 煤炭全生命周期阶段划分及其环境行为评价——以徐州地区为例 [J]. 中国矿业大学学报, 2016, 45 (2): 293~300.

[59] 陈庆发. 金属矿床地下开采协同采矿方法 [M]. 北京: 科学出版社, 2018.

[60] 胡华瑞, 李旭东, 陈庆发, 等. 金属矿床地下采矿方法分类表的修订 [J]. 黄金科学技术, 2018, 26 (3): 387~394.

[61] 聂兴信, 甘泉, 娄一博, 等. 基于协同开采理念的急倾斜薄矿脉群集群连续化回采工艺研究 [J]. 金属矿山, 2019 (9): 28~33.

[62] 聂兴信, 甘泉, 高建, 等. 协同理念下岩金矿脉群连续回采顶板安全跨度研究 [J]. 黄金科学技术, 2020 (3): 1~12.

[63] 唐敏康, 刘明荣, 张东炜, 等. 不规则大采空区不稳定区域研究 [J]. 有色金属科学与工程, 2011, 2 (6): 43~46, 61.

[64] 《采矿设计手册》编辑委员会. 采矿设计手册 (井巷工程卷) [M]. 北京: 中国建筑工业出版社, 1989.

[65] 陈庆发. 协同采矿方法的发展及类组归属 [J]. 金属矿山, 2018 (10): 1~6.

[66] 陈庆发, 苏家红. 协同开采及其技术体系 [J]. 中南大学学报 (自然科学版), 2013, 44 (2): 732~736.

[67] 刘建东, 解联库, 曹辉. 大规模充填采矿采场稳定性研究与结构参数优化 [J]. 金属矿山, 2018 (12): 10~13.

[68] 朱必勇, 杨伟, 王新民. 大规模充填体下保安矿柱规划及矿体回采顺序研究 [J]. 金属矿山, 2015 (7): 21~24.

[69] 任卫东, 陈建宏. 开采顺序对采场稳定性及地表沉降影响的数值模拟研究 [J]. 矿冶工程, 2011, 31 (6): 21~24.

[70] 陈存礼, 曹程明, 王晋婷, 等. 湿载耦合条件下结构性黄土的压缩变形模式研究 [J]. 岩土力学, 2010, 31 (1): 39~45, 50.

[71] Griffith A A. The phenomena of rupture and flaw in solid [C]. Phil. Trans. Roy. Soc., 1921, A221.

[72] 李祥龙. 层状节理岩体高边坡地震动力破坏机理研究 [D]. 中国地质大学 (武汉), 2013.

[73] 蔡美峰. 岩石力学与工程 [M]. 北京: 科学出版社, 2002.

[74] 郑兆强. 东沟钼矿矿石品位分布及采矿方法选择研究 [D]. 西安: 西安建筑科技大

学, 2006.

[75] 周正义, 曹平, 林杭. 3DEC 应用中节理岩体力学参数的选取 [J]. 西部探矿工程, 2006, 18 (7): 163~165.

[76] 周健, 邓益兵, 贾敏才, 等. 基于颗粒单元接触的二维离散-连续耦合分析方法 [J]. 岩土工程学报, 2010 (10): 1479~1484.

[77] Itasca Consulting Group Incorporation. PFC2D theory and background [R]. Minneapolis, Minnesota, 2004.

[78] 尹小涛. 岩土材料工程性质数值试验研究 [D]. 中国科学院武汉岩土力学研究所, 2008.

[79] 中仿科技有限公司. PFC2D 颗粒流软件培训 [R]. [S. l.: s. n.], 2010.

[80] 朱焕春. PFC 及其在矿山崩落开采研究中的应用 [J]. 岩石力学与工程学报, 2006, 25 (9): 1927~1931.

[81] 邓环宇. 悬空采场底板结构动力响应特性研究 [D]. 长沙: 中南大学, 2010.

[82] 李凤颖. 煤岩力学性质的离散元数值模拟及应用探讨 [D]. 成都: 成都理工大学, 2012.

[83] 廖红建. 岩土工程数值分析 [M]. 2 版. 北京: 机械工业出版社, 2009.

[84] 张友葩, 高永涛, 吴顺川, 等. 失稳挡土墙加固数值分析 [J]. 交通运输工程学报, 2003, 3 (4): 17~21.

[85] 尹清锋, 白冰. FLAC3D 及其在地下空间开挖分析中的一些问题 [J]. 西部探矿工程, 2005, 17 (11): 1~3.

[86] 杨风旺, 毛灵涛. 巷道顶板离层临界值确定 [J]. 煤炭工程, 2009 (6): 66~69.

[87] 刘蕾, 陈亮, 崔振华, 等. 逆层岩质边坡地震动力破坏过程 FLAC/PFC(2D)耦合数值模拟分析 [J]. 工程地质学报, 2014, 6: 1257~1262.

[88] 陈育明, 徐鼎平. FLAC/FLAC3D 基础与工程实例 [M]. 北京: 中国水利水电出版社, 2009.

[89] 杜建军, 陈群策, 安其美, 等. 陕西汉中盆地水压致裂地应力测量分析研究 [J]. 地震学报, 2013, 35 (6): 799~808.

[90] 刘长武, 曹磊, 刘树新. 深埋非圆形地下洞室围岩应力解析分析的 "当量半径" 法 [J]. 铜业工程, 2010, 1: 1~5.

[91] 李俊平, 连民杰. 矿山岩石力学 [M]. 北京: 冶金工业出版社, 2011.

[92] 张倬元, 王士天, 王兰生, 等. 工程地质分析原理 [M]. 北京: 地质出版社, 2009.

[93] 陈炎光, 陆士良. 中国煤矿巷道围岩控制 [M]. 徐州: 中国矿业大学出版社, 1994.

[94] 康宝伟, 王贻明, 吴爱祥. 九顶山钼矿破碎软岩巷道变形控制技术研究 [J]. 矿业研究与开发, 2015, 35 (3): 35~41.

[95] 张伟, 孙龙华. 巷道交叉角度对围岩稳定性影响分析研究 [J]. 煤炭工程, 2014, 46 (12): 101~104.

[96] 郭志飚, 王炯, 蔡峰, 等. 煤矿深部 Y 型大断面交岔点双控锚杆支护技术及工程应用 [J]. 岩石力学与工程学报, 2010, 29 (1): 2792~2798.

[97] 王晓义, 何满潮, 杨生彬. 深部大断面交岔点破坏形式与控制对策 [J]. 采矿与安全工程学报, 2007, 24 (3): 283~287.

［98］ 郭进平，王小林，汪朝，等. 基于相似物理实验的崩矿步距优化研究［J］. 矿业研究与开发，2017，37（2）：66~69.

［99］ 高庆伟，赵丽军，孙嘉，等. 空场采矿法转崩落采矿法过渡过程中主要结构参数确定［J］. 黄金，2016，37（1）：26~30.

［100］ 何满潮，张国锋，王桂莲，等. 深部煤巷底臌控制机制及应用研究［J］. 岩石力学与工程学报，2009，28（1）：2593~2598.

［101］ 王悦汉，王彩根，周华强. 巷道支架壁后充填技术［M］. 北京：煤炭工业出版社，1994.

［102］ 薛顺勋，聂光国，姜光杰，等. 软岩巷道施工指南［M］. 北京：煤炭工业出版社，2002.

［103］ 伍振志，傅志锋，王静，等. 浅埋松软地层开挖中管棚注浆法的加固机理及效果分析［J］. 岩石力学与工程学报，2005，24（6）：1025~1029.

［104］ 张娟，余舜，申俊敏，等. 公路隧道应力释放率对软弱围岩稳定性影响［J］. 土木工程与管理学报，2012，29（1）：35~43.

［105］ 杨友彬，郑俊杰，赖汉江，等. 一种改进的隧道开挖应力释放率确定方法［J］. 岩石力学与工程学报，2015，34（11）：2251~2257.